사고력도 탄탄! 창의력도 탄탄!
수학 일등의 지름길 「기탄사고력수학」

♛ 단계별·능력별 프로그램식 학습지입니다

유아부터 초등학교 6학년까지 각 단계별로 4~6권씩 총 52권으로 구성되었으며, 처음 시작할 때 나이와 학년에 관계없이 능력별 수준에 맞추어 학습하는 프로그램식 학습지입니다.

♛ 사고력·창의력을 키워 주는 수학 학습지입니다

다양한 사고 단계를 거쳐 문제 해결력을 높여 주며, 개념과 원리를 이해하도록 하여 수학적 사고력을 키워 줍니다. 또 수학적 사고를 바탕으로 스스로 생각하고 깨닫는 창의력을 키워 줍니다.

♛ 유아 과정은 물론 초등학교 수학의 전 영역을 골고루 학습합니다

운필력, 공간 지각력, 수 개념 등 유아 과정부터 시작하여, 초등학교 과정인 수와 연산, 도형 등 수학의 전 영역을 골고루 다루어, 자녀들의 수학적 사고의 폭을 넓히는 데 큰 도움을 줍니다.

♛ 학습 지도 가이드와 다양한 학습 성취도 평가 자료를 수록했습니다

매주, 매달, 매 단계마다 학습 목표에 따른 지도 내용과 지도 요점, 완벽한 해설을 제공하여 학부모님께서 쉽게 지도하실 수 있습니다. 창의력 문제와 수학 경시 대회 예상 문제를 단계별로 수록, 수학 실력을 완성시켜 줍니다.

♛ 과학적 학습 분량으로 공부하는 습관이 몸에 배입니다

하루 10~20분 정도의 과학적 학습량으로 공부에 싫증을 느끼지 않게 하고, 학습에 자신감을 가지도록 하였습니다. 매일 일정 시간 꾸준하게 공부하도록 하면, 시키지 않아도 공부하는 습관이 몸에 배게 됩니다.

What?

「기탄사고력수학」은
체계적이고 장기적인 프로그램으로
꾸준히 학습하면 반드시 성적으로 보답합니다

✿ **스몰 스텝(Small Step)방식으로 꾸준히 학습하면 성적이 올라갑니다**

「기탄사고력수학」은 단순히 문제만 나열한 문제집이 아닙니다. 체계적이고 장기적인 학습프로그램을 통해 수학적 사고력과 창의력을 완성시켜 주는 스몰 스텝(Small Step)방식으로 꾸준히 학습하면 반드시 성적이 올라갑니다.

✿ **하루 3장, 10~20분씩 규칙적으로 학습하게 하세요**

매일 일정 시간에 일정한 학습량을 꾸준히 재미있게 해야만 학습효과를 높일 수 있습니다. 주별로 분철하기 쉽게 제본되어 있으니, 교재를 구입하시면 먼저 분철하여 일주일 학습 분량만 자녀들에게 나누어 주세요. 그래야만 아이들이 학습 성취감과 자신감을 가질 수 있습니다.

✿ **자녀들의 수준에 알맞은 교재를 선택하세요**

〈기탄사고력수학〉은 유아에서 초등학교 6학년까지, 나이와 학년에 관계없이 학습 난이도별로 자신의 능력에 맞는 단계를 선택하여 시작하는 능력별 교재입니다. 그러나 자녀의 수준보다 1~2단계 낮춘 교재부터 시작하면 학습에 더욱 자신감을 갖게 되어 효과적입니다.

교재 구분	교재 구성	대 상
A단계 교재	1, 2, 3, 4집	4세 ~ 5세 아동
B단계 교재	1, 2, 3, 4집	5세 ~ 6세 아동
C단계 교재	1, 2, 3, 4집	6세 ~ 7세 아동
D단계 교재	1, 2, 3, 4집	7세 ~ 초등학교 1학년
E단계 교재	1, 2, 3, 4, 5, 6집	초등학교 1학년
F단계 교재	1, 2, 3, 4, 5, 6집	초등학교 2학년
G단계 교재	1, 2, 3, 4, 5, 6집	초등학교 3학년
H단계 교재	1, 2, 3, 4, 5, 6집	초등학교 4학년
I 단계 교재	1, 2, 3, 4, 5, 6집	초등학교 5학년
J단계 교재	1, 2, 3, 4, 5, 6집	초등학교 6학년

How?

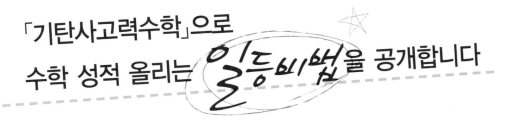

「기탄사고력수학」으로
수학 성적 올리는 일등비법을 공개합니다

※ 문제를 먼저 풀어 주지 마세요

기탄사고력수학은 직관(전체 감지)을 논리(이론과 구체 연결)로 발전시켜 답을 구하도록 구성되었습니다. 쉽게 문제를 풀지 못하더라도 노력하는 과정에서 더 많은 것을 얻을 수 있으니, 약간의 힌트 외에는 자녀가 스스로 끝까지 문제를 풀어 나갈 수 있도록 격려해 주세요.

※ 교재는 이렇게 활용하세요

먼저 자녀들의 능력에 맞는 교재를 선택하세요. 그리고 일주일 분량씩 분철하여 매일 3장씩 풀 수 있도록 해 주세요. 한꺼번에 많은 양의 교재를 주시면 어린이가 부담을 느껴서 학습을 미루거나 포기하기 쉽습니다. 적당한 양을 매일매일 학습하도록 하여 수학 공부하는 재미를 느낄 수 있도록 해 주세요.

※ 교재 학습 과정을 꼭 지켜 주세요

한 주 학습이 끝날 때마다 창의력 문제와 경시 대회 예상 문제를 꼭 풀고 넘어가도록 해 주시고, 한 권(한 달 과정)이 끝나면 성취도 테스트와 종료 테스트를 통해 스스로 실력을 가늠해 볼 수 있도록 도와 주세요. 문제를 다 풀면 반드시 해답지를 이용하여 정확하게 채점해 주시고, 틀린 문제를 체크해 놓았다가 다음에는 확실히 풀 수 있도록 지도해 주세요.

※ 자녀의 학습 관리를 게을리 하지 마세요

수학적 사고는 하루 아침에 생겨나는 것이 아닙니다. 날마다 꾸준히 규칙적으로 학습해 나갈 때에만 비로소 수학적 사고의 기틀이 마련되는 것입니다. 교육은 사랑입니다. 자녀가 학습한 부분을 어머니께서 꼭 확인하시면서 사랑으로 돌봐 주세요. 부모님의 관심 속에서 자란 아이들만이 성적 향상은 물론 이 사회에서 꼭 필요한 인격체로 성장해 나갈 수 있다는 것도 잊지 마세요.

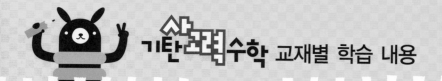

기탄교력수학 교재별 학습 내용

A 단계 교재

A - ❶ 교재

나와 가족에 대하여 알기
바른 행동 알기
다양한 선 그리기
다양한 사물 색칠하기
○△□ 알기
똑같은 것 찾기
빠진 것 찾기
종류가 같은 것과 다른 것 찾기
관찰력, 논리력, 사고력 키우기

A - ❷ 교재

필요한 물건 찾기
관계 있는 것 찾기
다양한 기준에 따라 분류하기
(종류, 용도, 모양, 색깔, 재질, 계절, 성질 등)
두 가지 기준에 따라 분류하기
다섯까지 세기
변별력 키우기
미로 통과하기

A - ❸ 교재

다양한 기준으로 비교하기
(길이, 높이, 양, 무게, 크기, 두께, 넓이, 속도, 깊이 등)
시간의 순서 비교하기
반대 개념 알기
3까지의 숫자 배우기
그림 퍼즐 맞추기
미로 통과하기

A - ❹ 교재

최상급 개념 알기
다양한 기준으로 순서 짓기 (크기, 시간, 길이, 두께 등)
네 가지 이상 비교하기
이중 서열 알기
ABAB, ABCABC의 규칙성 알기
다양한 규칙 이해하기
부분과 전체 알기
5까지의 숫자 배우기
일대일 대응, 일대다 대응 알기
미로 통과하기

B 단계 교재

B - ❶ 교재

열까지 세기
9까지의 숫자 배우기
사물의 기본 모양 알기
모양 구성하기
모양 나누기와 합치기
같은 모양, 짝이 되는 모양 찾기
위치 개념 알기 (위, 아래, 앞, 뒤)
위치 파악하기

B - ❷ 교재

9까지의 수량, 수 단어, 숫자 연결하기
구체물을 이용한 수 익히기
반구체물을 이용한 수 익히기
위치 개념 알기 (안, 밖, 왼쪽, 가운데, 오른쪽)
다양한 위치 개념 알기
시간 개념 알기 (낮, 밤)
구체물을 이용한 수와 양의 개념 알기
(같다, 많다, 적다)

B - ❸ 교재

순서대로 숫자 쓰기
거꾸로 숫자 쓰기
1 큰 수와 2 큰 수 알기
1 작은 수와 2 작은 수 알기
반구체물을 이용한 수와 양의 개념 알기
보존 개념 익히기
여러 가지 단위 배우기

B - ❹ 교재

순서수 알기
사물의 입체 모양 알기
입체 모양 나누기
두 수의 크기 비교하기
여러 수의 크기 비교하기
0의 개념 알기
0부터 9까지의 수 익히기

C
단계 교재

C - ❶ 교재	C - ❷ 교재
구체물을 통한 수 가르기 반구체물을 통한 수 가르기 숫자를 도입한 수 가르기 구체물을 통한 수 모으기 반구체물을 통한 수 모으기 숫자를 도입한 수 모으기	수 가르기와 모으기 여러 가지 방법으로 수 가르기 수 모으고 다시 수 가르기 수 가르고 다시 수 모으기 더해 보기 세로로 더해 보기 빼 보기 세로로 빼 보기 더해 보기와 빼 보기 바꾸어서 셈하기
C - ❸ 교재	C - ❹ 교재
길이 측정하기　　　높이 측정하기 넓이 측정하기　　　크기 측정하기 둘레 측정하기　　　무게 측정하기 부피 측정하기　　　들이 측정하기 활동 시간 알아보기　시간의 순서 알아보기 여러 가지 측정하기	열 개 열 개 만들어 보기 열 개 묶어 보기 자리 알아보기 수 '10' 알아보기 10의 크기 알아보기 더하여 10이 되는 수 알아보기 열다섯까지 세어 보기 스물까지 세어 보기

D
단계 교재

D - ❶ 교재	D - ❷ 교재
수 11~20 알기 11~20까지의 수 알기 30까지의 수 알아보기 자릿값을 이용하여 30까지의 수 나타내기 40까지의 수 알아보기 자릿값을 이용하여 40까지의 수 나타내기 자릿값을 이용하여 50까지의 수 나타내기 50까지의 수 알아보기	상자 모양, 공 모양, 둥근기둥 모양 알아보기 공간 위치 알아보기 입체도형으로 모양 만들기 여러 방향에서 본 모습 관찰하기 평면도형 알아보기 선대칭 모양 알아보기 모양 만들기와 탱그램
D - ❸ 교재	D - ❹ 교재
덧셈 이해하기 10이 되는 더하기 여러 가지로 더해 보기 덧셈 익히기 뺄셈 이해하기 10에서 빼기 여러 가지로 빼 보기 뺄셈 익히기	조사하여 기록하기 그래프의 이해 그래프의 활용 분수의 이해 시간 느끼기 사건의 순서 알기 소요 시간 알아보기 달력 보기 시계 보기 활동한 시간 알기

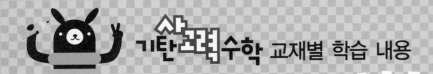

기탄교력수학 교재별 학습 내용

단계 교재

E - ❶ 교재	E - ❷ 교재	E - ❸ 교재
사물의 개수를 세어 보고 1, 2, 3, 4, 5 알아보기	두 수로 가르기	수 10(십) 알아보기
0의 개념과 0~5까지의 수의 순서 알기	두 수를 모으기	19까지의 수 알아보기
하나 더 많다, 적다의 개념 알기	가르기와 모으기	몇십과 몇십 몇 알아보기
두 수의 크기 비교하기	덧셈식 알아보기	물건의 수 세기
사물의 개수를 세어 보고 6, 7, 8, 9 알아보기	뺄셈식 알아보기	50까지 수의 순서 알아보기
0~9까지의 수의 순서 알기	길이 비교해 보기	두 수의 크기 비교하기
하나 더 많다, 적다의 개념 알기	높이 비교해 보기	분류하기
두 수의 크기 비교하기	들이 비교해 보기	분류하여 세어 보기
여러 가지 모양 알아보기, 찾아보기, 만들어 보기	무게 비교해 보기	
규칙 찾기	넓이 비교해 보기	

E - ❹ 교재	E - ❺ 교재	E - ❻ 교재
수 60, 70, 80, 90	10이 되는 더하기	세 수의 덧셈
99까지의 수	10에서 빼기	받아올림이 있는 (몇)+(몇)
수의 순서	세 수의 덧셈과 뺄셈	받아내림이 있는 (십 몇)−(몇)
두 수의 크기 비교	(몇십)+(몇), (몇십 몇)+(몇),	세 수의 계산
여러 가지 모양 알아보기, 찾아보기	(몇십 몇)+(몇십 몇)	덧셈식, 뺄셈식 만들기
여러 가지 모양 만들기, 그리기	(몇십 몇)−(몇), (몇십 몇)−(몇십 몇)	□가 있는 덧셈식, 뺄셈식 만들기
규칙 찾기	긴바늘, 짧은바늘 알아보기	여러 가지 방법으로 해결하기
10을 두 수로 가르기	몇 시 알아보기	
10이 되도록 두 수를 모으기	몇 시 30분 알아보기	

단계 교재

F - ❶ 교재	F - ❷ 교재	F - ❸ 교재
백(100)과 몇백(200, 300, ……)의 개념 이해	받아올림이 있는 (두 자리 수)+(두 자리 수)의 계산	시각 읽기
세 자리 수와 뛰어 세기의 이해	받아내림이 있는 (두 자리 수)−(두 자리 수)의 계산	시각과 시간의 차이 알기
세 자리 수의 크기 비교	여러 가지 방법으로 계산하고 세 수의 혼합 계산	하루의 시간 알기
받아올림이 있는 (두 자리 수)+(한 자리 수)의 계산	길이 비교와 단위길이의 비교	달력을 보며 1년 알기
받아내림이 있는 (두 자리 수)−(한 자리 수)의 계산	길이의 단위(cm) 알기	몇 시 몇 분 전 알기
세 수의 덧셈과 뺄셈	길이 재기와 길이 어림하기	반 시간 알기
선분과 직선의 차이 이해	어떤 수를 □로 나타내기	묶어 세기
사각형, 삼각형, 원 등의 여러 가지 모양	덧셈식·뺄셈식에서 □의 값 구하기	몇 배 알아보기
쌓기나무로 똑같이 쌓아 보고 여러 가지 모양 만들기	어떤 수를 구하는 식 만들기	더하기를 곱하기로 나타내기
배열 순서에 따라 규칙 찾아내기	식에 알맞은 문제 만들기	덧셈식과 곱셈식으로 나타내기

F - ❹ 교재	F - ❺ 교재	F - ❻ 교재
2~9의 단 곱셈구구 익히기	받아올림이 있는 세 자리 수의 덧셈	□가 있는 곱셈식을 만들어 문제 해결하기
1의 단 곱셈구구와 0의 곱	받아내림이 있는 세 자리 수의 뺄셈	규칙을 찾아 문제 해결하기
곱셈표에서 규칙 찾기	여러 가지 방법으로 덧셈·뺄셈하기	거꾸로 생각하여 문제 해결하기
받아올림이 없는 세 자리 수의 덧셈	세 수의 혼합 계산	
받아내림이 없는 세 자리 수의 뺄셈	똑같이 나누기	
여러 가지 방법으로 계산하기	전체와 부분의 크기	
미터(m)와 센티미터(cm)	분수의 쓰기와 읽기	
길이 재기	분수만큼 색칠하고 분수로 나타내기	
길이 어림하기	표와 그래프로 나타내기	
길이의 합과 차	조사하여 표와 그래프로 나타내기	

단계 교재 G

G - ❶ 교재	G - ❷ 교재	G - ❸ 교재
1000의 개념 알기	똑같이 묶어 덜어 내기와 똑같게 나누기	분수만큼 알기와 분수로 나타내기
몇천, 네 자리 수 알기	나눗셈의 몫	몇 개인지 알기
수의 자릿값 알기	곱셈과 나눗셈의 관계	분수의 크기 비교
뛰어 세기, 두 수의 크기 비교	나눗셈의 몫을 구하는 방법	mm 단위를 알기와 mm 단위까지 길이 재기
세 자리 수의 덧셈	나눗셈의 세로 형식	km 단위를 알기
덧셈의 여러 가지 방법	곱셈을 활용하여 나눗셈의 몫 구하기	km, m, cm, mm의 단위가 있는 길이의
세 자리 수의 뺄셈	평면도형 밀기, 뒤집기, 돌리기	합과 차 구하기
뺄셈의 여러 가지 방법	평면도형 뒤집고 돌리기	시각과 시간의 개념 알기
각과 직각의 이해	(몇십)×(몇)의 계산	1초의 개념 알기
직각삼각형, 직사각형, 정사각형의 이해	(두 자리 수)×(한 자리 수)의 계산	시간의 합과 차 구하기

G - ❹ 교재	G - ❺ 교재	G - ❻ 교재
(네 자리 수)+(세 자리 수)	(몇십)÷(몇)	막대그래프
(네 자리 수)+(네 자리 수)	내림이 없는 (몇십 몇)÷(몇)	막대그래프 그리기
(네 자리 수)−(세 자리 수)	나눗셈의 몫과 나머지	그림그래프
(네 자리 수)−(네 자리 수)	나눗셈식의 검산 / (몇십 몇)÷(몇)	그림그래프 그리기
세 수의 덧셈과 뺄셈	들이 / 들이의 단위	알맞은 그래프로 나타내기
(세 자리 수)×(한 자리 수)	들이의 어림하기와 합과 차	규칙을 정해 무늬 꾸미기
(몇십)×(몇십) / (두 자리 수)×(몇십)	무게 / 무게의 단위	규칙을 찾아 문제 해결
(두 자리 수)×(두 자리 수)	무게의 어림하기와 합과 차	표를 만들어서 문제 해결
원의 중심과 반지름 / 그리기 / 지름 / 성질	0.1 / 소수 알아보기	예상과 확인으로 문제 해결
	소수의 크기 비교하기	

단계 교재 H

H - ❶ 교재	H - ❷ 교재	H - ❸ 교재
만 / 다섯 자리 수 / 십만, 백만, 천만	이등변삼각형 / 이등변삼각형의 성질	소수
억 / 조 / 큰 수 뛰어서 세기	정삼각형 / 예각과 둔각	소수 두 자리 수
두 수의 크기 비교	예각삼각형 / 둔각삼각형	소수 세 자리 수
100, 1000, 10000, 몇백, 몇천의 곱	덧셈, 뺄셈 또는 곱셈, 나눗셈이 섞여 있는 혼합	소수 사이의 관계
(세,네 자리 수)×(두 자리 수)	계산	소수의 크기 비교
세 수의 곱셈 / 몇십으로 나누기	덧셈, 뺄셈, 곱셈, 나눗셈이 섞여 있는 혼합 계산	규칙을 찾아 수로 나타내기
(두,세 자리 수)÷(두 자리 수)	( ), { }가 있는 혼합 계산	규칙을 찾아 글로 나타내기
각의 크기 / 각 그리기 / 각도의 합과 차	분수와 진분수 / 가분수와 대분수	새로운 무늬 만들기
삼각형의 세 각의 크기의 합	대분수를 가분수로, 가분수를 대분수로 나타내기	
사각형의 네 각의 크기의 합	분모가 같은 분수의 크기 비교	

H - ❹ 교재	H - ❺ 교재	H - ❻ 교재
분모가 같은 진분수의 덧셈	사다리꼴 / 평행사변형 / 마름모	꺾은선그래프
분모가 같은 대분수의 덧셈	직사각형과 정사각형의 성질	꺾은선그래프 그리기
분모가 같은 진분수의 뺄셈	다각형과 정다각형 / 대각선	물결선을 사용한 꺾은선그래프
분모가 같은 대분수의 뺄셈	여러 가지 모양 만들기	물결선을 사용한 꺾은선그래프 그리기
분모가 같은 대분수와 진분수의 덧셈과 뺄셈	여러 가지 모양으로 덮기	알맞은 그래프로 나타내기
소수의 덧셈 / 소수의 뺄셈	직사각형과 정사각형의 둘레	꺾은선그래프의 활용
수직과 수선 / 수선 긋기	1cm² / 직사각형과 정사각형의 넓이	두 수 사이의 관계
평행선 / 평행선 긋기	여러 가지 도형의 넓이	두 수 사이의 관계를 식으로 나타내기
평행선 사이의 거리	이상과 이하 / 초과와 미만 / 수의 범위	문제를 해결하고 풀이 과정을 설명하기
	올림과 버림 / 반올림 / 어림의 활용	

기탄교력수학 교재별 학습 내용

I 단계 교재

I - ❶ 교재	I - ❷ 교재	I - ❸ 교재
약수 / 배수 / 배수와 약수의 관계	세 분수의 덧셈과 뺄셈	평행사변형의 넓이
공약수와 최대공약수	(진분수)×(자연수) / (대분수)×(자연수)	삼각형의 넓이
공배수와 최소공배수	(자연수)×(진분수) / (자연수)×(대분수)	사다리꼴의 넓이
크기가 같은 분수 알기	(단위분수)×(단위분수)	마름모의 넓이
크기가 같은 분수 만들기	(진분수)×(진분수) / (대분수)×(대분수)	넓이의 단위 m^2, a
분수의 약분 / 분수의 통분	세 분수의 곱셈 / 합동인 도형의 성질	넓이의 단위 ha, km^2
분수의 크기 비교 / 진분수의 덧셈	합동인 삼각형 그리기	넓이의 단위 관계
대분수의 덧셈 / 진분수의 뺄셈	면, 모서리, 꼭짓점	무게의 단위
대분수의 뺄셈 / 세 분수의 덧셈과 뺄셈	직육면체와 정육면체	
	직육면체의 성질 / 겨냥도 / 전개도	

I - ❹ 교재	I - ❺ 교재	I - ❻ 교재
분수와 소수의 관계	(소수)×(자연수) / (자연수)×(소수)	두 수의 크기 비교
분수를 소수로, 소수를 분수로 나타내기	곱의 소수점의 위치	비율
분수와 소수의 크기 비교	(소수)×(소수)	백분율
1÷(자연수)를 곱셈으로 나타내기	소수의 곱셈	할푼리
(자연수)÷(자연수)를 곱셈으로 나타내기	(소수)÷(자연수)	실제로 해 보기와 표 만들기
(진분수)÷(자연수) / (가분수)÷(자연수)	(자연수)÷(자연수)	그림 그리기와 식 만들기
(대분수)÷(자연수)	줄기와 잎 그림	예상하고 확인하기와 표 만들기
분수와 자연수의 혼합 계산	그림그래프	실제로 해 보기와 규칙 찾기
선대칭도형/선대칭의 위치에 있는 도형	평균	
점대칭도형/점대칭의 위치에 있는 도형	자료를 그래프로 나타내고 설명하기	

J 단계 교재

J - ❶ 교재	J - ❷ 교재	J - ❸ 교재
(자연수)÷(단위분수)	쌓기나무의 개수	비례식
분모가 같은 진분수끼리의 나눗셈	쌓기나무의 각 자리, 각 층별로 나누어	비의 성질
분모가 다른 진분수끼리의 나눗셈	개수 구하기	가장 작은 자연수의 비로 나타내기
(자연수)÷(진분수) / 대분수의 나눗셈	규칙 찾기	비례식의 성질
분수의 나눗셈 활용하기	쌓기나무로 만든 것, 여러 가지 입체도형,	비례식의 활용
소수의 나눗셈 / (자연수)÷(소수)	여러 가지 생활 속 건축물의 위, 앞, 옆	연비
소수의 나눗셈에서 나머지	에서 본 모양	두 비의 관계를 연비로 나타내기
반올림한 몫	원주와 원주율 / 원의 넓이	연비의 성질
입체도형과 각기둥 / 각뿔	띠그래프 알기 / 띠그래프 그리기	비례배분
각기둥의 전개도 / 각뿔의 전개도	원그래프 알기 / 원그래프 그리기	연비로 비례배분

J - ❹ 교재	J - ❺ 교재	J - ❻ 교재
(소수)÷(분수) / (분수)÷(소수)	원기둥의 겉넓이	두 수 사이의 대응 관계 / 정비례
분수와 소수의 혼합 계산	원기둥의 부피	정비례를 활용하여 생활 문제 해결하기
원기둥 / 원기둥의 전개도	경우의 수	반비례
원뿔	순서가 있는 경우의 수	반비례를 활용하여 생활 문제 해결하기
회전체 / 회전체의 단면	여러 가지 경우의 수	그림을 그리거나 식을 세워 문제 해결하기
직육면체와 정육면체의 겉넓이	확률	거꾸로 생각하거나 식을 세워 문제 해결하기
부피의 비교 / 부피의 단위	미지수를 x로 나타내기	표를 작성하거나 예상과 확인을 통하여
직육면체와 정육면체의 부피	등식 알기 / 방정식 알기	문제 해결하기
부피의 큰 단위	등식의 성질을 이용하여 방정식 풀기	여러 가지 방법으로 문제 해결하기
부피와 들이 사이의 관계	방정식의 활용	새로운 문제를 만들어 풀어 보기

사고력도 탄탄! 창의력도 탄탄!

사 기탄고력수학

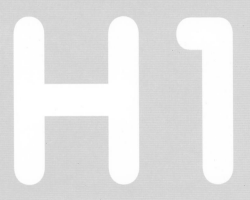

H1

H1a ~ H15b

학습 관리표

학습 내용		이번 주는?
큰 수	• 만 • 다섯 자리 수 • 십만, 백만, 천만 • 억 • 조 • 큰 수 뛰어서 세기 • 두 수의 크기 비교 • 창의력 학습 • 경시대회 예상문제	• 학습 방법 : ① 매일매일　② 가끔　③ 한꺼번에 　　　　　하였습니다. • 학습 태도 : ① 스스로 잘　② 시켜서 억지로 　　　　　하였습니다. • 학습 흥미 : ① 재미있게　② 싫증내며 　　　　　하였습니다. • 교재 내용 : ① 적합하다고 ② 어렵다고 ③ 쉽다고 　　　　　하였습니다.

지도 교사가 부모님께	부모님이 지도 교사께

평가	Ⓐ 아주 잘함	Ⓑ 잘함	Ⓒ 보통	Ⓓ 부족함

원(교)　　　　　반　이름　　　　　전화

기초부터 튼튼하게
G 기탄교육
www.gitan.co.kr / (02)586-1007(대)

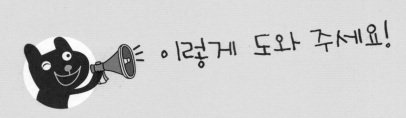

이렇게 도와 주세요!

● **학습 목표**
- 만을 이해하여 쓰고 읽을 수 있습니다.
- 다섯 자리 수를 쓰고 읽을 수 있습니다.
- 십만, 백만, 천만 자리 수를 쓰고 읽을 수 있습니다.
- 억, 십억, 백억, 천억 자리 수를 쓰고 읽을 수 있습니다.
- 조, 십조, 백조, 천조 자리 수를 쓰고 읽을 수 있습니다.
- 큰 수의 계열을 이해할 수 있습니다.
- 큰 수의 크기를 비교할 수 있습니다.

● **지도 내용**
- 만을 쓰고 읽게 합니다.
- 다섯 자리 수의 구성을 알고, 쓰고 읽게 합니다.
- 다섯 자리 수에서 각 자리의 숫자와 그 숫자가 나타내는 수를 알게 합니다.
- 십만, 백만, 천만 단위까지 수의 구성을 알고, 쓰고 읽을 수 있게 합니다.
- 천만 단위까지의 수에서 각 자리의 숫자와 그 숫자가 나타내는 수를 알게 합니다.
- 억, 십억, 백억, 천억의 관계를 알고 천억 단위까지의 수에서 각 자리의 숫자와 그 숫자가 나타내는 수를 알게 합니다.
- 조, 십조, 백조, 천조의 관계를 알고 천조 단위까지의 수에서 각 자리의 숫자와 그 숫자가 나타내는 수를 알게 합니다.
- 만, 억, 조에서 수의 계열을 알아보고 몇씩 커지는 수인지 알아보게 합니다.
- 큰 수의 크기를 비교하게 합니다.

● **지도 요점**
다섯 자리 이상되는 큰 수를 학습하여 자연수의 십진법을 완성하게 합니다. 십진법에 대하여 충분히 이해하고 활용할 수 있도록 지도합니다.

🌸 이름 :

🌸 날짜 :

🌸 시간 : 시 분 ~ 시 분

확인

◆ 만 ◆

1000이 10개이면 10000입니다. 이것을 10000 또는 1만이라 쓰고,
만 또는 일만이라고 읽습니다.

🐸 그림을 보고 ☐ 안에 알맞은 수를 써넣으시오. [1~2]

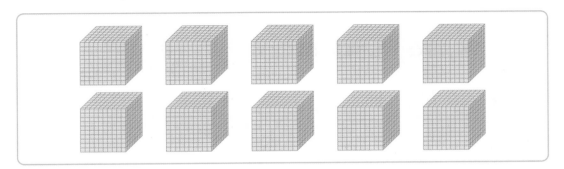

1 천 모형이 8개이면 ☐ 입니다.

2 천 모형이 10개이면 ☐ 입니다.

🐸 그림을 보고 ☐ 안에 알맞은 수를 써넣으시오. [3~4]

3 1000원짜리 지폐가 9장이면 ☐ 원입니다.

4 1000원짜리 지폐가 10장이면 ☐ 원입니다.

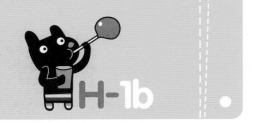

5 다음을 10000원이 되도록 묶어 보시오.

🐸 ☐ 안에 알맞은 수를 써넣으시오. [6～8]

6 10000은 7000보다 ☐ 큰 수입니다.

7 10000은 ☐ 보다 10 큰 수입니다.

8 10000은 9900보다 ☐ 큰 수입니다.

9 다음 중 나타내는 수가 다른 하나를 찾아 기호를 쓰시오.

> ㉠ 1000이 10개인 수　　㉡ 9900보다 10 큰 수
> ㉢ 9000보다 1000 큰 수　　㉣ 9999보다 1 큰 수

[답]

10 민호의 돼지저금통에 9800원이 들어 있습니다. 여기에 200원을 더 넣으면 돼지저금통 속의 돈은 모두 얼마가 됩니까?

[답]

H-2a

✿ 이름 :

✿ 날짜 :

✿ 시간 :   시   분 ~   시   분

확인

◆ **다섯 자리 수(1)** ◆

1 모형 돈은 모두 얼마입니까?

[답] _____

🐸 ☐ 안에 알맞은 수를 써넣으시오. [2~5]

2
```
10000이 4개 ┐
  1000이 6개 │
   100이 2개 │ 이면 [    ]
    10이 1개 │
     1이 8개 ┘
```

3
```
10000이 1개 ┐
  1000이 0개 │
   100이 5개 │ 이면 [    ]
    10이 2개 │
     1이 3개 ┘
```

4
```
           ┌ 10000이 [  ] 개
           │  1000이 [  ] 개
54218은    │   100이 [  ] 개
           │    10이 [  ] 개
           └     1이 [  ] 개
```

5
```
           ┌ 10000이 [  ] 개
           │  1000이 [  ] 개
97045는    │   100이 [  ] 개
           │    10이 [  ] 개
           └     1이 [  ] 개
```

사고력 학습

H-2b

🐸 다음 수를 읽어 보시오. [6~9]

6 86159 ➡ (   )   7 26180 ➡ (   )

8 15305 ➡ (   )   9 74100 ➡ (   )

🐸 다음을 수로 나타내시오. [10~12]

10 삼만 사천오백칠십팔 ➡ (   )

11 구만 육백오십사 ➡ (   )

12 오만 이천팔백팔 ➡ (   )

13 □ 안에 알맞은 수나 말을 써넣으시오.

37618에서

3은 □ 의 자리 숫자이고, □ 을 나타냅니다.

7은 □ 의 자리 숫자이고, □ 을 나타냅니다.

6은 □ 의 자리 숫자이고, □ 을 나타냅니다.

1은 □ 의 자리 숫자이고, □ 을 나타냅니다.

8은 □ 의 자리 숫자이고, □ 을 나타냅니다.

 사고력 학습

❀ 이름 :

❀ 날짜 :

❀ 시간 : 시 분 ~ 시 분

확인

◆ **다섯 자리 수(2)** ◆

🐸 다음 수의 각 자리 숫자와 그 숫자가 나타내는 수는 얼마인지 빈칸에 알맞은 수를 써넣으시오. [1~2]

1 29645

자리	만의 자리	천의 자리	백의 자리	십의 자리	일의 자리
숫자	2				
수	20000				

2 71083

자리	만의 자리	천의 자리	백의 자리	십의 자리	일의 자리
숫자					
수					

🐸 보기 와 같이 나타내어 보시오. [3~6]

보기

$$86231 = 80000 + 6000 + 200 + 30 + 1$$

3 58425 = ☐ + ☐ + ☐ + ☐ + ☐

4 63048 = ☐ + ☐ + ☐ + ☐

5 42500 = ☐ + ☐ + ☐

6 20790 = ☐ + ☐ + ☐

7 □ 안에 알맞은 수나 말을 써넣으시오.

10000이 4개, 1000이 2개, 100이 9개, 10이 8개, 1이 5개이면

□ 라 쓰고 □ 라고 읽습니다.

8 수철이가 가지고 있는 돈은 10000원짜리 6장, 1000원짜리 5장, 100원짜리 7개, 10원짜리 8개입니다. 모두 얼마입니까?

[답]

9 다음 수 중에서 숫자 8이 나타내는 수가 가장 큰 것은 어느 것입니까?

| 34890 | 28746 | 50678 | 64082 | 81000 |

[답]

10 다음 숫자 카드를 한 번씩 사용하여 다섯 자리 수를 만들려고 합니다. 만의 자리 숫자가 7인 가장 큰 수를 만드시오.

0 2 7 8 9

[답]

❀ 이름 :

❀ 날짜 :

❀ 시간 :　시　분～　시　분

확인

◆ **십만, 백만, 천만(1)** ◆

🐸　☐ 안에 알맞은 수나 말을 써넣으시오. [1~3]

1 만이 25개이면 ☐ 또는 ☐ 이라 쓰고 ☐ 이라고 읽습니다.

2 만이 390개이면 ☐ 또는 ☐ 이라 쓰고 ☐ 이라고 읽습니다.

3 만이 2146개이면 ☐ 또는 ☐ 이라 쓰고 ☐ 이라고 읽습니다.

🐸　다음 수를 보고 ☐ 안에 알맞은 수나 말을 써넣으시오. [4~5]

57421860

4 만이 ☐ 개, 1이 ☐ 개인 수이고 ☐ 이라고 읽습니다.

5 천만의 자리 숫자는 ☐ , 백만의 자리 숫자는 ☐ , 십만의 자리 숫자는 ☐ , 만의 자리 숫자는 ☐ 입니다.

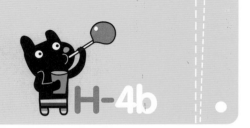

🐸 ☐ 안에 알맞은 수를 쓰고 읽어 보시오. [6~7]

6 만이 480개, 1이 6254개이면 ☐

➡ _____

7 만이 9012개, 1이 850개이면 ☐

➡ _____

🐸 보기 와 같이 수로 나타내어 보시오. [8~9]

> **보기**
> 팔천육백십일만 사천오백칠 ➡ 8611만 4507 또는 86114507

8 오천육백사십칠만 구천이 ➡ _____

9 사천이백만 삼천칠백오십구 ➡ _____

10 수를 보고 ☐ 안에 알맞은 수를 써넣으시오.

> 57421860

천만의 자리 숫자는 ☐ 이고 ☐ 을 나타냅니다.

백만의 자리 숫자는 ☐ 이고 ☐ 을 나타냅니다.

십만의 자리 숫자는 ☐ 이고 ☐ 을 나타냅니다.

✿ 이름 :

✿ 날짜 :

✿ 시간 : 시   분 ~   시   분

확인

◆ **십만, 백만, 천만(2)** ◆

🐸 숫자 5는 어느 자리의 숫자이고, 얼마를 나타내는지 쓰시오. [1~3]

1 1452670 ➡ ☐ 의 자리 숫자 … ☐

2 25803174 ➡ ☐ 의 자리 숫자 … ☐

3 52073400 ➡ ☐ 의 자리 숫자 … ☐

4 다음을 수로 나타내었을 때 0의 개수가 가장 많은 것을 찾아 기호를 쓰시오.

> ㉠ 오십구만　　　　　㉡ 사천삼십사만 구
> ㉢ 칠백십사만 삼천육　㉣ 팔천만 이천칠십

[답] _____

5 다음 중 6이 나타내는 수가 가장 큰 수를 찾아 기호를 쓰시오.

> ㉠ 5690420　　　　㉡ 7962000
> ㉢ 26580079　　　㉣ 63472485

[답] _____

사고력 학습 🚗

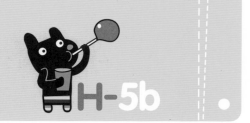

6 다음에서 ㉠이 나타내는 수는 ㉡이 나타내는 수의 몇 배입니까?

$$23\underline{7}10\underline{9}57$$
㉠ ㉡

[답]

7 50400의 100배인 수를 쓰고 읽어 보시오.

[쓰기]

[읽기]

8 100만 원짜리 수표가 25장, 10만 원짜리 수표가 48장, 만 원짜리가 50장 있습니다. 모두 얼마입니까?

[답]

9 0에서 7까지의 숫자를 한 번씩 사용하여 십만의 자리 숫자가 0인 8자리 수를 만들려고 합니다. 만들 수 있는 가장 큰 수와 가장 작은 수를 차례로 구하시오.

[답]

♣ 이름 :

♣ 날짜 :

♣ 시간 :　　시　　분 ~　　시　　분

확인

◆ **억(1)** ◆

1 □ 안에 알맞은 수나 말을 써넣으시오.

> 1000만이 10개이면 [　　　　] 또는 [　　] 이라고 쓰고 [　]
> 또는 일억이라고 읽습니다.

2 빈칸에 알맞은 수를 써넣으시오.

1000배

100배

[　　] 배

| 1억 | 10억 | [　　] | [　　] |

🐸 보기 와 같이 수로 나타내어 보시오. [3~4]

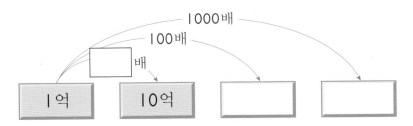

> **보기**
>
> 오억 사천이백구만 육천칠 ➡ 5억 4209만 6007 또는 542096007

3 삼십이억 칠천구백오십육만 사천이백오

➡

4 팔백칠십억 육천이백구십구만 오백칠

➡

사고력 학습 🚗

H-6b

🐸 다음을 수로 나타내어 보시오. [5~6]

5 억이 2390개, 만이 185개, 1이 4500개

　➡ _____

6 억이 8800개, 만이 40개

　➡ _____

🐸 ☐ 안에 알맞은 수나 말을 써넣으시오. [7~8]

7 689354123709는 억이 ☐ 개, 만이 ☐ 개, 1이 ☐ 개인
수이고 ☐ 라고 읽습니다.

8 270000351890은 억이 ☐ 개, 만이 ☐ 개, 1이 ☐ 개인 수
이고 ☐ 이라고 읽습니다.

🐸 다음 수를 읽어 보시오. [9~10]

9 6200000000

　➡ _____

10 470012540072

　➡ _____

❀ 이름 :

❀ 날짜 :

❀ 시간 :　　시　　분 ～　　시　　분

확인

◆ **억(2)** ◆

1 1억은 9900만보다 몇이 더 큰 수입니까?

[답]

🐸 다음 수를 보고 ☐ 안에 알맞은 수나 말을 써넣으시오. [2~4]

2 289364581799에서

숫자 3은 ☐ 의 자리 숫자이고 ☐ 을 나타냅니다.

3 402765308905에서

숫자 2는 ☐ 의 자리 숫자이고 ☐ 을 나타냅니다.

4 980562371206에서

숫자 9는 ☐ 의 자리 숫자이고 ☐ 을 나타냅니다.

5 다음을 수로 나타내었을 때 0의 개수가 가장 많은 것을 찾아 기호를 쓰시오.

> ㉠ 이백육십억 칠천오백만 육백　　　㉡ 삼억 사천만 이천칠
> ㉢ 구천이십팔억 삼천육백오십만 칠천이백

[답]

사고력 학습

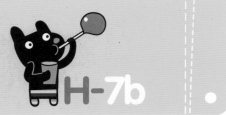

6 다음 중 숫자 6이 나타내는 수가 가장 큰 수를 찾아 기호를 쓰시오.

> ㉠ 2654897231 ㉡ 8609274312 95
> ㉢ 6095128400 ㉣ 1846800 92374

[답]

7 억이 2794개, 만이 1352개, 1이 5600개인 수의 십억의 자리 숫자는 무엇입니까?

[답]

8 다음에서 ㉠이 나타내는 수는 ㉡이 나타내는 수의 몇 배입니까?

> 386919375420
> ㉠   ㉡

[답]

9 탁구공이 한 상자에 300개씩 들어 있습니다. 1000만 상자에 들어 있는 탁구공은 모두 몇 개입니까?

[답]

❀ 이름 :

❀ 날짜 :

❀ 시간 :   시   분 ~   시   분

확인

◆ 조 ◆

1 □ 안에 알맞은 수나 말을 써넣으시오.

1000억이 10개이면 [   ] 또는 [   ] 라고 쓰고
[   ] 또는 [   ] 라고 읽습니다.

😊 보기 와 같이 나타내시오. [2~3]

보기

이십오조 사천삼백육억 칠천이백십오만 이천팔
➡ 25조 4306억 7215만 2008
➡ 25430672152008

2 팔백육십이조 오천구백칠십육억 삼천이백십구만 육천이백오십

➡

➡

3 삼천이백구십육조 이천오백이억 사천팔백육십만 칠천팔십

➡

➡

4 74362189342000000에서 백조의 자리 숫자는 무엇이고 그 숫자가 나타내
는 수는 얼마인지 쓰시오.

[숫자]

[수]

사고력 학습

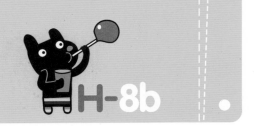

H-8b

다음 수를 읽어 보시오. [5~6]

5 42536904000000000 ➡ _____

6 2360540027950018 ➡ _____

□ 안에 알맞은 수를 써넣으시오. [7~8]

7 5900250601282734는 조가 [   ]개, 억이 [   ]개,

만이 [   ]개, 1이 [   ]개인 수입니다.

8 2580431698603281에서 십조의 자리 숫자는 [   ]이고

[   ]를 나타냅니다.

9 다음 수에서 □에 들어갈 숫자는 십조의 자리 숫자와 같습니다. □ 안에 알맞은 숫자를 써넣으시오.

9408254[   ]62160073

10 빛이 1년 동안에 갈 수 있는 거리를 1광년이라고 합니다. 1광년은 9조 4600억 km입니다. 100광년은 몇 km입니까?

[답] _____

 사고력 학습

✿ 이름 :

✿ 날짜 :

✿ 시간 : 시 분 ~ 시 분

확인

◆ 큰 수 뛰어서 세기(1) ◆

🐸 어느 자리의 숫자가 I씩 커졌는지 구하시오. [1~3]

1 280175 ― 380175 ― 480175 ― 580175

[답]

2 51743800 ― 52743800 ― 53743800 ― 54743800

[답]

3 5800억 ― 6800억 ― 7800억 ― 8800억

[답]

🐸 ☐ 안에 알맞은 수나 말을 써넣으시오. [4~5]

4 160억 ― 170억 ― 180억 ― 190억 ― 200억

➡ ☐ 의 자리 숫자가 ☐ 씩 커집니다.

➡ ☐ 씩 뛰어서 센 것입니다.

5 1270조 ― 1370조 ― 1470조 ― 1570조 ― 1670조

➡ ☐ 의 자리 숫자가 ☐ 씩 커집니다.

➡ ☐ 씩 뛰어서 센 것입니다.

사고력 학습

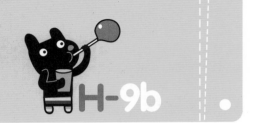

🐸 10000씩 뛰어서 세어 보시오. [6~7]

6 15640 — ⬭ — 35640 — ⬭ — 55640

7 642900 — ⬭ — ⬭ — ⬭ — 682900

🐸 100억씩 뛰어서 세어 보시오. [8~9]

8 2400억 — ⬭ — 2600억 — 2700억 — ⬭

9 1조 2200억 — ⬭ — ⬭ — 1조 2500억 — ⬭

🐸 10조씩 뛰어서 세어 보시오. [10~11]

10 360조 — 370조 — ⬭ — ⬭ — ⬭

11 ⬭ — 2880조 — ⬭ — 2900조 — ⬭

🚗 사고력 학습

확인

✿ 이름 :

✿ 날짜 :

✿ 시간 :　　시　　분 ~　　시　　분

H-10a

◆ **큰 수 뛰어서 세기**(2) ◆

😊 빈 곳에 알맞은 수를 써넣으시오. [1~4]

1　470218 — 480218 — 490218 —

2　3억 8000만 — 3억 9000만 — — 4억 1000만

3　4280억 — — 6280억 — 7280억

4　218조 — 219조 — —

😊 다음 수를 구하시오. [5~7]

5　4820조에서 1000조씩 3번 뛰어서 센 수

[답]

6　560조 8000억에서 10조씩 4번 뛰어서 센 수

[답]

7　124637000000000에서 100억씩 5번 뛰어서 센 수

[답]

사고력 학습 🚗

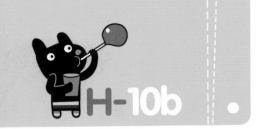

😊 빈칸에 알맞은 수를 써넣으시오. [8~10]

8

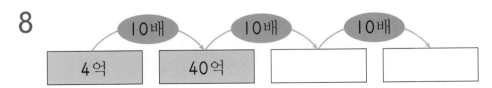

| 4억 | 40억 | | |

(10배, 10배, 10배)

9

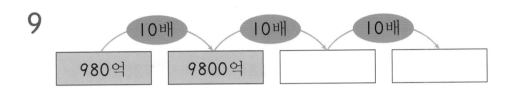

| 980억 | 9800억 | | |

(10배, 10배, 10배)

10

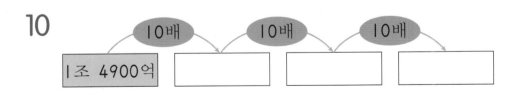

| 1조 4900억 | | | |

(10배, 10배, 10배)

11 형우는 15만 8000원을 가지고 있습니다. 여기에 매달 30000원씩 3달을 더 모았습니다. 형우가 가진 돈은 얼마입니까?

[답]

12 어떤 수에서 5000억씩 10번 뛰어서 센 수가 10조 5000억이었습니다. 어떤 수를 구하시오.

[답]

 사고력 학습

✿ 이름 :

✿ 날짜 :

✿ 시간 :　　시　　분 ~ 　　시　　분

확인

◆ 두 수의 크기 비교(1) ◆

🐸 두 수의 크기를 비교하여 ○ 안에 >, =, <를 알맞게 써넣으시오. [1~3]

1 4097641 ◯ 972454

2 5625억 ◯ 5800억

3 16247519880000 ◯ 16248061750000

🐸 더 큰 수에 ◯표 하시오. [4~6]

4 | 2906157438 | | 3001257000 |

　　(　　　　)　　　(　　　　)

5 | 4조 7865억 | | 4조 7856억 |

　　(　　　　)　　　(　　　　)

6 | 12976507482500 | | 1368845002729 |

　　(　　　　)　　　(　　　　)

사고력 학습

H-11b

🐸 더 작은 수의 기호를 쓰시오. [7~9]

7 ㉠ 94357468   ㉡ 94280000

[답] _____

8 ㉠ 2315만 7604   ㉡ 2315만 7064

[답] _____

9 ㉠ 85조 6945억   ㉡ 85조 7000억

[답] _____

🐸 가장 큰 수에 ○표, 가장 작은 수에 △표 하시오. [10~11]

10
3869754000 ( )
4740370000 ( )
3969734000 ( )

11
909113740000000 ( )
99082712004012 ( )
90910028541628 ( )

✿이름 :

✿날짜 :

✿시간 :   시   분 ~   시   분

확인

◆ 두 수의 크기 비교(2) ◆

다음을 보고 물음에 답하시오. [1~3]

㉠ 이십오조 칠천육백억	㉡ 백칠조 이천억
㉢ 억이 7564개, 만이 4500개인 수	㉣ 64조 2815억 6600만

1 빈칸에 알맞은 수를 써넣으시오.

2 가장 큰 수를 찾아 기호를 쓰시오.

[답]

3 가장 작은 수를 찾아 기호를 쓰시오.

[답]

4 더 큰 수의 기호를 쓰시오.

> ㉠ 오천이백사조 육천사백오십억 팔천오십칠만 구천이
>
> ㉡ 조가 5204개, 억이 6405개, 만이 8570개 일이 9007개인 수

[답]

5 가장 작은 수를 찾아 기호를 쓰시오.

> ㉠ 팔십이조 칠천오백억   ㉡ 802750000000000
>
> ㉢ 조가 102개, 억이 6932개인 수

[답]

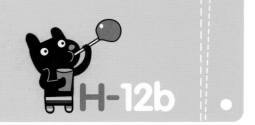

6 0부터 9까지의 숫자 중에서 ☐ 안에 들어갈 수 있는 숫자를 모두 구하시오.

$$2763589154 < 27\square3726485$$

[답]

🐸 다음은 태양과 행성 사이의 거리를 나타낸 표입니다. 물음에 답하시오. [7~9]

행성	태양과의 거리	행성	태양과의 거리
지구	149600000km	해왕성	4500000000km
목성	780000000km	천왕성	28억 7000만km
금성	1억 1000만km	화성	230000000km
수성	58060000km	토성	14억 3000만km

7 태양에서 가장 멀리 있는 행성은 어느 것입니까?

[답]

8 지구보다 태양에 더 가까이 있는 행성들을 모두 쓰시오.

[답]

9 태양에서 목성보다 더 멀리 있는 행성들을 모두 쓰시오.

[답]

H-13a

✿ 이름 :

✿ 날짜 :

✿ 시간 :　시　분 ~　시　분

확인

🔵 창의력 학습

영호는 사다리를 타고 보물을 찾으러 갑니다. 500씩 뛰어서 가면 어떤 보물을 찾게 될까요?

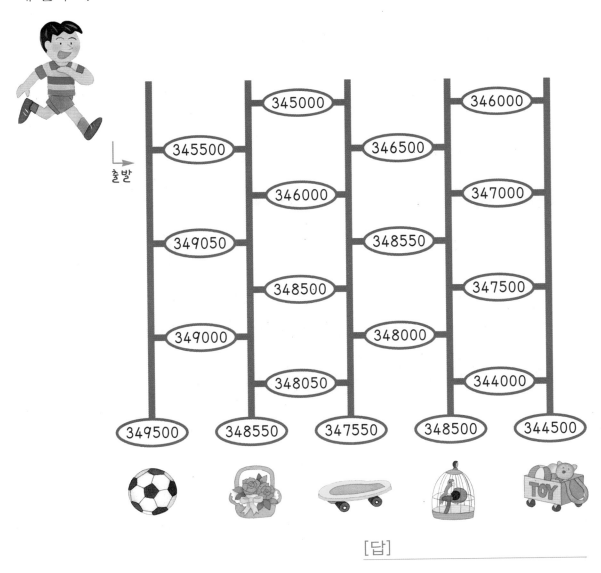

[답]

갑작스런 태풍과 폭우로 인하여 많은 수재민이 발생하였습니다. 라디오나 텔레비전에서는 전화로 수재민 성금을 모금하고 있습니다. 가나다 방송국의 라디오 센터로 전화 한 통을 걸면 1000원씩 모금이 되고, ABC TV 방송국으로 전화 한 통을 걸면 2000원씩 모금이 됩니다.

가나다 라디오 방송국에서는 22억 4724만 원, 그리고 ABC TV 방송국에서는 40억 2040만 원이 모금되었습니다. 그렇다면 각각의 방송국으로 걸려 온 전화는 모두 몇 통일까요?

(1) 가나다 라디오 방송국 :   통

(2) ABC TV 방송국 :   통

 창의력 학습

✿ 이름 :

✿ 날짜 :

✿ 시간 :   시   분 ~   시   분

확인

경시대회 예상문제

1 색종이가 한 상자에 10000장씩 8상자, 한 상자에 1000장씩 42상자, 한 묶음에 100장씩 10묶음, 한 묶음에 10장씩 25묶음이 있습니다. 색종이는 모두 몇 장입니까?

[답]

2 다음이 나타내는 수보다 십만의 자리 숫자가 5 큰 수는 얼마입니까?

> 만이 **3826**개, 일이 **8590**개인 수

[답]

3 숫자 카드를 한 번씩만 사용하여 백만의 자리 숫자가 1인 여덟 자리 수를 만들려고 합니다. 만들 수 있는 가장 큰 수를 쓰고 읽어 보시오.

   3 4   9

[쓰기]

[읽기]

4 어느 기업에서 은행에 예금한 돈 52억 원을 100만 원권 수표로 찾으려고 합니다. 찾은 100만 원권 수표는 모두 몇 장입니까?

[답]

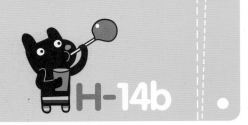
5 다음을 수로 나타내면 0은 모두 몇 개입니까?

> 100억이 27개, 억이 54개, 10만이 19개인 수

[답]

6 수로 나타내었을 때 십억의 자리 숫자가 작은 것부터 차례로 기호를 쓰시오.

> ㉠ 오백육십사억 칠천이백만
> ㉡ 억이 345인 수보다 30억 큰 수
> ㉢ 3500만의 100배인 수

[답]

7 ☐ 안에 알맞은 수를 써넣으시오.

$$1조 = \boxed{} \times 1000만$$

8 조건을 만족하는 수 중에서 가장 큰 수를 구하시오.

> ㉠ 9자리 수입니다.
> ㉡ 가장 위의 자리 숫자는 만의 자리 숫자와 같습니다.
> ㉢ 0이 5개 있습니다.

[답]

🐑 서술형·논술형

9 수직선에서 ㉠에 알맞은 수는 얼마인지 풀이 과정을 쓰고 답을 구하시오.

560억   680억
                          ↑
                          ㉠

_____

_____

[답]

10 2000억이 100개인 것은 100만이 몇 개인 것과 같습니까?

[답]

11 한 시간에 5400m를 갈 수 있는 자전거를 타고 같은 빠르기로 540km를 갔습니다. 몇 시간 동안 자전거를 탔습니까?

[답]

12 □ 안에 0에서 9까지의 어떤 숫자를 넣어도 될 때 큰 수부터 차례로 기호를 쓰시오.

> ㉠ 56□03478320   ㉡ 56905□38214
> ㉢ 570□2561238   ㉣ 5690421□459

[답]

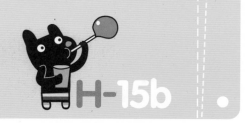

서술형·논술형

13 0에서 5까지의 숫자를 각각 두 번까지 사용하여 만들 수 있는 열 자리의 수 중에서 셋째로 큰 수와 셋째로 작은 수는 각각 얼마인지 풀이 과정을 쓰고 답을 구하시오.

[답]

14 어떤 수에서 3300억씩 10번 뛰어서 센 수가 8조 6000억이었습니다. 어떤 수는 얼마입니까?

[답]

15 어느 기업에서 인기상품인 둥이 캐릭터 인형을 1년에 5645000000개를 생산했고, 이 중에서 42억 개를 수출했습니다. 남은 인형을 한 차에 100만 개씩 실어 나르려면 모두 몇 대의 차가 필요합니까?

[답]

16 0에서 9까지의 숫자를 각각 한 번씩 사용하여 10자리 수를 만들었을 때 9876542310보다 큰 수는 모두 몇 개입니까?

[답]

경시대회 예상문제

사고력도 탄탄! 창의력도 탄탄!

기탄고력수학

H1

🐙 H16a ~ H30b

학습 관리표

학습 내용		이번 주는?
곱셈과 나눗셈	 • 100, 1000, 10000의 곱 • 몇백, 몇천의 곱 • (세, 네 자리 수)×(두 자리 수) • 세 수의 곱셈 • 몇십으로 나누기 • (두, 세 자리 수)÷(두 자리 수) • 창의력 학습 • 경시대회 예상문제	• 학습 방법 : ① 매일매일　② 가끔　③ 한꺼번에 　　　　　하였습니다. • 학습 태도 : ① 스스로 잘　② 시켜서 억지로 　　　　　하였습니다. • 학습 흥미 : ① 재미있게　② 싫증내며 　　　　　하였습니다. • 교재 내용 : ① 적합하다고　② 어렵다고　③ 쉽다고 　　　　　하였습니다.
지도 교사가 부모님께		**부모님이 지도 교사께**
평가		Ⓐ 아주 잘함　　　Ⓑ 잘함　　　Ⓒ 보통　　　Ⓓ 부족함

원(교)　　　　반　이름　　　　　전화

기초부터 탄탄하게
G 기탄교육
www.gitan.co.kr / (02)586-1007(대)

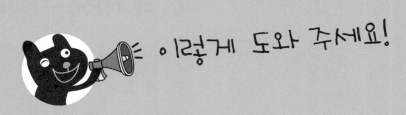

이렇게 도와 주세요!

● **학습 목표**

− 100, 1000, 10000의 곱을 구할 수 있습니다.
− 몇백, 몇천의 곱셈식의 계산 원리와 형식을 이해하고 계산할 수 있습니다.
− (세 자리 수)×(두 자리 수), (네 자리 수)×(두 자리 수)의 계산 원리와 형식을 이해
  하고 계산할 수 있습니다.
− 세 수의 곱셈식의 계산 원리와 형식을 이해하고 계산할 수 있습니다.
− 몇십의 나눗셈식의 계산 원리와 형식을 이해하고 계산할 수 있습니다.
− (두 자리 수)÷(두 자리 수), (세 자리 수)÷(두 자리 수)의 계산 원리와 형식을 이해
  하고 계산할 수 있습니다.

● **지도 내용**

− 한 자리 수, 두 자리 수, 세 자리 수에 100, 1000, 10000을 곱하여 곱을 구하게
  합니다.
− (몇백), (몇천)의 곱셈식, (세 자리 수)×(두 자리 수), (네 자리 수)×(두 자리 수), 세
  수의 곱셈식의 계산 원리를 이해하고 곱셈을 능숙하게 계산할 수 있게 합니다.
− (세 자리 수)÷(몇십), (두 자리 수)÷(두 자리 수), (세 자리 수)÷(두 자리 수)의 계
  산 원리를 이해하고 몫과 나머지를 구하게 합니다.

● **지도 요점**

(세 자리 수)×(두 자리 수), (네 자리 수)×(두 자리 수)로 수의 범위를 넓혀 곱셈의
원리를 이해하여 곱셈의 곱을 구하게 합니다. 어림셈의 개념을 도입하여 곱셈식의 계
산 기능을 숙련시킵니다.
나눗셈에서는 몫과 나머지의 의미를 이해하고 (두 자리 수)÷(두 자리 수), (세 자리
수)÷(두 자리 수)로 수의 범위를 넓혀 나눗셈의 원리를 이해하고 이를 통해 생활에서
의 문제를 해결할 수 있는 능력을 기르게 합니다.

♣ 이름 :

♣ 날짜 :

♣ 시간 :　　　시　　분 ~　　　시　　분

확인

◆ 100, 1000, 10000의 곱 ◆

1 □ 안에 알맞은 수를 써넣으시오.

25의 100배　➡ 25 × 100 = ☐

25의 1000배　➡ 25 × 1000 = ☐

25의 10000배 ➡ 25 × 10000 = ☐

얼마인지 알아보시오. [2~4]

2 100원짜리 동전은 모두 얼마입니까?

[답]

3 1000원짜리 지폐는 모두 얼마입니까?

[답]

4 10000원짜리 지폐는 모두 얼마입니까?

[답]

□ 안에 알맞은 수를 써넣으시오. [5~8]

5 18 × 100 = ☐

6 50 × 1000 = ☐

7 370 × 10000 = ☐

8 800 × 10000 = ☐

사고력 학습

9 빈 곳에 알맞은 수를 써넣으시오.

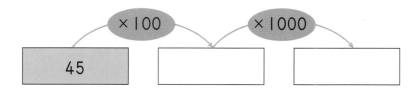

10 큰 수부터 차례로 기호를 쓰시오.

> ㉠ 6의 10000배   ㉡ 500의 1000배
> ㉢ 4500의 100배   ㉣ 80의 1000배

[답]

11 500원짜리 동전 100개는 얼마입니까?

[답]

12 한 상자에 귤이 120개씩 들어 있습니다. 10000상자에 들어 있는 귤은 모두 몇 개입니까?

[답]

✿ 이름 :

✿ 날짜 :

✿ 시간 :   시   분 ~   시   분

확인

◆ **몇백, 몇천의 곱** ◆

 □ 안에 알맞은 수를 써넣으시오. [1~2]

1 300 × 600 = ☐ 0000

            3 × 6 = ☐

2 500 × 7000 = ☐ 00000

            5 × 7 = ☐

다음을 계산하시오. [3~8]

3 34 × 2000

4 400 × 700

5 3000 × 900

6 800 × 9000

7 6000 × 4000

8 5000 × 6000

9 관계있는 것끼리 선으로 이으시오.

700 × 600	•	•	240000
80 × 3000	•	•	420000
2000 × 80	•	•	160000

H-17b

🐸 곱의 크기를 비교하여 ○ 안에 >, =, <를 알맞게 써넣으시오. [10~11]

10 400 × 7000 ◯ 5000 × 500

11 8000 × 3000 ◯ 6000 × 4000

12 곱이 나머지와 다른 하나를 찾아 기호를 쓰시오.

> ㉠ 240 × 2000   ㉡ 16 × 30000
> ㉢ 600 × 800   ㉣ 120 × 400

[답]

13 서정이네 학교에서는 체육대회날 700원짜리 음료수를 2000명의 학생들에게 한 개씩 나누어 주려고 합니다. 음료수값은 모두 얼마입니까?

[답]

14 어느 공장에서 장난감 로봇 1개를 만드는 데 5000원이 듭니다. 장난감 로봇 400개를 만드는 데 드는 비용은 모두 얼마입니까?

[답]

 사고력 학습

H-18a

🌸 이름 :

🌸 날짜 :

🌸 시간 :　　시　　분 ~ 　시　　분

확인

◆ **(세 자리 수)×(두 자리 수)** ◆

1 ☐ 안에 알맞은 수를 써넣으시오.

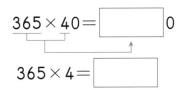

$$365 \times 40 = \boxed{}0$$

$$365 \times 4 = \boxed{}$$

$$\begin{array}{r} 3\ 6\ 5 \\ \times\quad 4\ 0 \\ \hline \boxed{}0 \end{array}$$

2 ☐ 안에 알맞은 수를 써넣으시오.

$$\begin{array}{r} 4\ 5\ 6 \\ \times\quad 6\ 3 \\ \hline \boxed{} \end{array}$$ ➡ $$\begin{array}{r} 4\ 5\ 6 \\ \times\quad 6\ 3 \\ \hline \boxed{} \\ \boxed{} \end{array}$$ ➡ $$\begin{array}{r} 4\ 5\ 6 \\ \times\quad 6\ 3 \\ \hline \boxed{} \\ \boxed{} \\ \hline \boxed{} \end{array}$$

🐸 다음을 계산하시오. [3~6]

3
$$\begin{array}{r} 8\ 2\ 7 \\ \times\quad 2\ 0 \\ \hline \end{array}$$

4
$$\begin{array}{r} 5\ 4\ 2 \\ \times\quad 4\ 5 \\ \hline \end{array}$$

5
$$\begin{array}{r} 6\ 3\ 8 \\ \times\quad 3\ 7 \\ \hline \end{array}$$

6
$$\begin{array}{r} 4\ 8\ 8 \\ \times\quad 5\ 4 \\ \hline \end{array}$$

사고력 학습

7 715×60을 계산하려고 합니다. 0이 아닌 숫자끼리의 곱 715×6＝4290 에서 숫자 **9**는 어느 곳에 써야 합니까?

```
      7 1 5
    ×   6 0
    ─────────
    ①②③④⑤
```

[답]

8 곱의 크기를 비교하여 ○ 안에 ＞, ＝, ＜를 알맞게 써넣으시오.

932×29 ○ 536×42

9 곱이 큰 수부터 차례로 ○ 안에 번호를 써넣으시오.

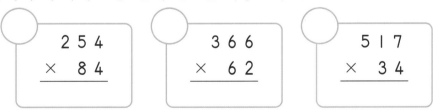

```
  2 5 4        3 6 6        5 1 7
×   8 4      ×   6 2      ×   3 4
```

10 어느 공연장에 관객이 654명 들어갈 수 있습니다. 35회 공연을 하면 이 공연을 모두 몇 명이 볼 수 있습니까?

[답]

사고력 학습

✿ 이름 :

✿ 날짜 :

✿ 시간 :   시   분 ~   시   분

확인

◆ (네 자리 수) × (두 자리 수) ◆

1 ☐ 안에 알맞은 수를 써넣으시오.

$$4826 \times 50 = \boxed{}0$$

$$4826 \times 5 = \boxed{}$$

$$
\begin{array}{r}
4826 \\
\times \quad 50 \\
\hline
\boxed{}0 \\
\end{array}
$$

2 ☐ 안에 알맞은 수를 써넣으시오.

$$
\begin{array}{r}
1639 \\
\times \quad 54 \\
\hline
\boxed{} \\
\end{array}
$$
➡
$$
\begin{array}{r}
1639 \\
\times \quad 54 \\
\hline
\boxed{} \\
\boxed{} \\
\end{array}
$$
➡
$$
\begin{array}{r}
1639 \\
\times \quad 54 \\
\hline
\boxed{} \\
\boxed{} \\
\hline
\boxed{} \\
\end{array}
$$

🐸 다음을 계산하시오. [3~6]

3
$$
\begin{array}{r}
2518 \\
\times \quad 40 \\
\hline
\end{array}
$$

4
$$
\begin{array}{r}
4462 \\
\times \quad 57 \\
\hline
\end{array}
$$

5
$$
\begin{array}{r}
5629 \\
\times \quad 35 \\
\hline
\end{array}
$$

6
$$
\begin{array}{r}
7325 \\
\times \quad 28 \\
\hline
\end{array}
$$

🐸 빈 곳에 두 수의 곱을 써넣으시오. [7~8]

7

5249	38

8

2964	66

9 곱이 큰 것부터 차례로 기호를 쓰시오.

> ㉠ 8255 × 25   ㉡ 3675 × 58   ㉢ 7251 × 29

[답]

10 어느 가게에서 티셔츠 한 벌을 팔면 2250원이 남습니다. 이 가게에서 같은 티셔츠 55벌을 팔면 모두 얼마가 남겠습니까?

[답]

11 한 시간에 3285km를 가는 비행기가 있습니다. 이 비행기로 14시간 동안 몇 km를 갈 수 있습니까?

[답]

 사고력 학습

H-20a

♣ 이름 :

♣ 날짜 :

♣ 시간 :　　시　　분 ~　　시　　분

확인

◆ **세 수의 곱셈** ◆

😃 □ 안에 알맞은 수를 써넣으시오. [1~2]

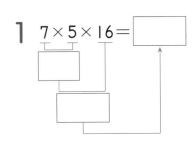

1 $7 \times 5 \times 16 =$ □

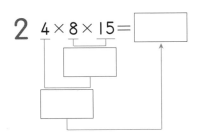

2 $4 \times 8 \times 15 =$ □

😃 다음을 계산하시오. [3~8]

3 $8 \times 6 \times 23$

4 $5 \times 9 \times 62$

5 $13 \times 7 \times 25$

6 $4 \times 68 \times 8$

7 $26 \times 45 \times 6$

8 $135 \times 18 \times 9$

😃 곱의 크기를 비교하여 ◯ 안에 >, =, <를 알맞게 써넣으시오. [9~10]

9 $64 \times 5 \times 12$ ◯ $6 \times 24 \times 30$

10 $133 \times 8 \times 25$ ◯ $74 \times 45 \times 3$

사고력 학습

11 빈칸에 알맞은 수를 써넣으시오.

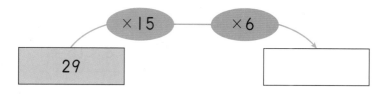

12 □ 안에 알맞은 수를 써넣으시오.

$$138 \times 6 \times 45 = \boxed{} \times 45 = \boxed{}$$

13 현상이네 학교 운동장 한 바퀴의 거리는 415m입니다. 현상이가 하루에 5바퀴씩 20일 동안 학교 운동장을 달린다면 모두 몇 m를 달리게 됩니까?

[답]

14 어떤 달인이 1시간에 물건을 158개 포장할 수 있다고 합니다. 이 달인이 하루 6시간씩 3주일 동안 일을 하면 모두 몇 개의 물건을 포장할 수 있습니까?

[답]

✿ 이름 :

✿ 날짜 :

✿ 시간 :   시   분~   시   분

확인

◆ **몇십으로 나누기(1)** ◆

😺 □ 안에 알맞은 수를 써넣으시오. [1~2]

1 80÷40=□

8÷4=□

2

```
      □
30)2 7 0
   □□□
       0
```

😺 다음을 계산하시오. [3~6]

3 540÷60

4 480÷80

5 70)5 6 0

6 50)3 5 0

7 몫이 같은 것끼리 선으로 이어 보시오.

280÷40	•	•	250÷50
360÷60	•	•	540÷90
450÷90	•	•	490÷70

 □ 안에 알맞은 수를 써넣으시오. [8~9]

8

```
        □
  40)1 6 3
     □□
        □
```

(검산) 40 × □ + □ = □

9

```
        □
  80)4 1 5
     □□
        □
```

(검산) 80 × □ + □ = □

 다음 계산을 하고 검산을 하시오. [10~13]

10 510÷70

(검산)

11 214÷30

(검산)

12
```
  60)4 5 0
```

13
```
  50)4 2 8
```

(검산)

(검산)

✿ 이름 :

✿ 날짜 :

✿ 시간 :　　시　　분 ~ 　시　　분

확인

◆ **몇십으로 나누기(2)** ◆

1 몫이 더 큰 나눗셈식을 들고 있는 사람은 누구입니까?

 $160 \div 20$　　$240 \div 40$

[답] _____

2 몫의 크기를 비교하여 ○ 안에 >, =, <를 알맞게 써넣으시오.

$$346 \div 80 \bigcirc 252 \div 50$$

3 몫이 큰 수부터 차례로 ○ 안에 번호를 써넣으시오.

$$50\overline{)3\ 7\ 2}$$　　$$30\overline{)2\ 5\ 4}$$　　$$60\overline{)5\ 5\ 1}$$

4 동화책 400권을 책꽂이에 꽂으려고 합니다. 한 줄에 50권씩 꽂으면 동화책은 몇 줄이 됩니까?

[답] _____

5 붕어빵 1개를 추억의 가격인 80원에 판매하고 있습니다. 640원을 낸 사람에겐 붕어빵 몇 개를 주어야 합니까?

[답]

6 연필 288자루를 50자루씩 묶어서 포장을 하려고 합니다. 연필은 몇 묶음이 되고 몇 자루가 남습니까?

[답]

7 어느 봉사단체에서 노인들 무료 급식을 위해 쌀을 매일 80kg씩 사용하였습니다. 쌀이 모두 547kg 있었다면 이 쌀은 며칠 사용하고 몇 kg이 남았습니까?

[답]

8 한 바구니에 40개씩 넣어서 사탕 바구니를 만들어 팔려고 합니다. 사탕이 모두 315개라면 사탕 바구니는 몇 개까지 만들어 팔 수 있고 남는 사탕은 몇 개입니까?

[답]

✿ 이름 :

✿ 날짜 :

✿ 시간 :　시　분～　시　분

확인

◆ **(두 자리 수)÷(두 자리 수)(1)** ◆

1 ☐ 안에 알맞은 수를 써넣으시오.

```
        3        (몫을 1 크게 합니다.)              ☐
   14)5 8        ─────────────→          14)5 8
      4 2                                    ☐
      ───                                   ───
      1 6                                    ☐
```
나머지가 나누는
수보다 큽니다.

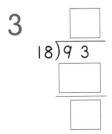 ☐ 안에 알맞은 수를 써넣으시오. [2~5]

2
```
        ☐
   24)9 6
      ☐
     ───
      ☐
```

3
```
        ☐
   18)9 3
      ☐
     ───
      ☐
```

4
```
        ☐
   31)8 9
      ☐
     ───
      ☐
```

5
```
        ☐
   16)7 5
      ☐
     ───
      ☐
```

사고력 학습

H-23b

🐸 다음 계산을 하고 검산을 하시오. [6~9]

6   13)6 5

7   26)8 8

(검산) _____

(검산) _____

8   22)9 7

9   19)7 9

(검산) _____

(검산) _____

10 □ 안에 몫을 쓰고, ○ 안에 나머지를 써넣으시오.

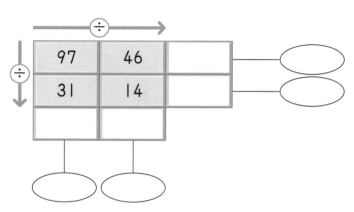

🚗 사고력 학습

H-24a

✿ 이름 :

✿ 날짜 :

✿ 시간 : 시 분 ~ 시 분

확인

◆ (두 자리 수) ÷ (두 자리 수)(2) ◆

1 큰 수를 작은 수로 나눈 몫을 구하시오.

$$81 \qquad 27$$

[답]

2 나머지가 큰 것부터 차례로 ◯ 안에 번호를 써넣으시오.

$38\overline{)84}$ $16\overline{)59}$ $29\overline{)99}$

3 어떤 수를 43으로 나누었을 때, 나머지가 될 수 없는 수를 모두 찾아 쓰시오.

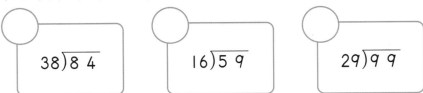

$$13 \qquad 45 \qquad 28 \qquad 33 \qquad 43 \qquad 61$$

[답]

4 어떤 수를 14로 나눌 때, 나올 수 있는 나머지를 모두 합하면 얼마입니까?

[답]

사고력 학습

5 학생 87명을 29개의 조로 나누려고 합니다. 한 조의 인원은 몇 명씩입니까?

[답]

6 귤 98개를 15명의 학생에게 똑같이 나누어 주려고 합니다. 몇 개씩 줄 수 있고 몇 개가 남습니까?

[답]

7 미선이는 90자루의 연필을 가지고 있습니다. 연필은 모두 몇 타 몇 자루입니까?

[답]

8 88개의 밤을 삶아서 25개씩 봉지에 담고 남은 밤은 애정이가 먹었습니다. 애정이가 먹은 밤은 몇 개입니까?

[답]

H-25a

✿ 이름 :

✿ 날짜 :

✿ 시간 :　　시　　분 ～　　시　　분

확인

◆ 몫이 한 자리 수인 (세 자리 수)÷(두 자리 수) ◆

1 □ 안에 알맞은 수를 써넣으시오.

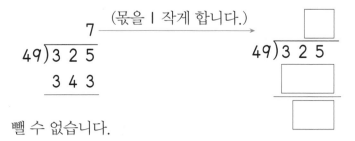

빽 수 없습니다.

🐸 다음 계산을 하고 검산을 하시오. [2~3]

2

$34\overline{)285}$

(검산)

3

$57\overline{)422}$

(검산)

4 몫이 가장 큰 것을 찾아 기호를 쓰시오.

㉠ 645÷95   ㉡ 273÷31   ㉢ 390÷55

[답]

사고력 학습

5 가운데 수를 바깥 수로 나누어 큰 원의 빈 곳에 몫을 써넣고, 나머지는 ☐ 안에 써넣으시오.

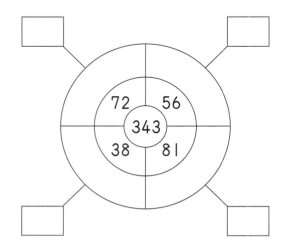

6 어떤 수를 42로 나눌 때, 나올 수 있는 나머지 중에서 가장 큰 수는 얼마인지 구하시오.

[답]

7 길이가 512cm인 색 테이프를 64cm씩 잘라서 선물을 한 개씩 포장하는 데 사용하였습니다. 선물은 몇 개나 포장할 수 있습니까?

[답]

8 580kg의 쌀을 한 가구당 75kg씩 나누어 주려고 합니다. 모두 몇 가구에 줄 수 있고 몇 kg이 남습니까?

[답]

★ 이름 :

★ 날짜 :

★ 시간 :   시   분 ~   시   분

확인

◆ 몫이 두 자리 수인 (세 자리 수)÷(두 자리 수)(1) ◆

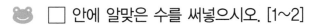 □ 안에 알맞은 수를 써넣으시오. [1~2]

1
$42{\overline{)553}}$

2
$21{\overline{)478}}$

다음 계산을 하고 검산을 하시오. [3~6]

3
$36{\overline{)715}}$

(검산)

4
$27{\overline{)638}}$

(검산)

5
$62{\overline{)923}}$

(검산)

6
$18{\overline{)589}}$

(검산)

사고력 학습

몫의 크기가 더 큰 수의 기호를 쓰시오. [7~9]

7

㉠ 566÷24 ㉡ 648÷31

[답] ______

8

㉠ 846÷29 ㉡ 776÷25

[답] ______

9

㉠ 490÷18 ㉡ 624÷22

[답] ______

나머지가 가장 작은 수에 ○표 하시오. [10~11]

10

307÷14 (　　　)
476÷29 (　　　)
812÷33 (　　　)

11

584÷27 (　　　)
910÷45 (　　　)
727÷64 (　　　)

☀ 이름 :

☀ 날짜 :

☀ 시간 : 　시　 분~ 　시　 분

확인

◆ **몫이 두 자리 수인 (세 자리 수)÷(두 자리 수)(2)** ◆

1 가운데 수를 바깥 수로 나누어 큰 원의 빈 곳에 몫을 써넣고, 나머지는 □ 안
에 써넣으시오.

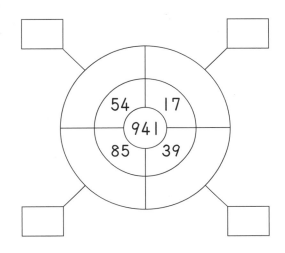

2 어떤 수를 38로 나누었더니 몫이 18이고 나머지가 27이었습니다. 어떤 수
는 얼마입니까?

[답]

3 영진이네 과수원에서는 이번에 597개의 복숭아를 수확했습니다. 복숭아를
한 상자에 15개씩 담아서 판다고 할 때, 복숭아는 몇 상자를 팔 수 있고 몇
개가 남습니까?

[답]

사고력 학습

4 추석 때 형욱이네 집에서 할아버지 댁까지 가는 데 모두 **742**분 걸렸습니다. 걸린 시간은 몇 시간 몇 분입니까?

[답]

5 다음 숫자 카드를 한 번씩만 사용하여 몫이 가장 큰 (세 자리 수)÷(두 자리 수)의 나눗셈식을 만들고 몫과 나머지를 구하려고 합니다. 물음에 답하시오.

| 2 | 4 | 5 | 8 | 9 |

(1) 숫자 카드로 만들 수 있는 가장 큰 세 자리 수와 가장 작은 두 자리 수를 각각 만들어 보시오.

[답]

(2) 몫이 가장 큰 (세 자리 수)÷(두 자리 수)의 나눗셈식을 만들어 보시오.

☐☐☐ ÷ ☐☐

(3) (2)에서 몫과 나머지를 구하시오.

[몫]

[나머지]

✿ 이름 :

✿ 날짜 :

✿ 시간 :   시   분~   시   분

확인

 창의력 학습

다음 곱셈을 잘 살펴보세요.

$$11 \times 1 = 11$$
$$11 \times 11 = 121$$
$$11 \times 111 = 1221$$
$$111 \times 111 = 12321$$
$$111 \times 1111 = 123321$$
$$1111 \times 1111 = 1234321$$

곱셈을 한 결과를 보고 재미있는 점을 발견해 봅시다. 그리고 다음의 계산을 해 보세요.

- $3 \times 3 = 9$
- $33 \times 33 = \boxed{}$
- $333 \times 333 = \boxed{}$
- $3333 \times 3333 = \boxed{}$ ←— 계산을 하지 말고 추측을 하여 답을 써 보세요.

동근이는 선생님이 내주신 나눗셈 문제를 풀고 다음과 같이 검산을 하였습니다.
동근이의 검산식을 보고 동근이가 푼 나눗셈식을 완성해 주세요.

✿ 이름 :

✿ 날짜 :

✿ 시간 : 시 분 ~ 시 분

확인

➕ 경시대회 예상문제

1 □ 안에 알맞은 수를 써넣으시오.

$$800 \times \boxed{} = 3200000$$

2 ㉠×500과 ㉡×10000의 값이 같다고 할 때, ㉠은 ㉡의 몇 배입니까?

[답]

3 어느 국립공원에서 어른은 5000원, 어린이는 3000원의 입장료를 받습니다. 어른 80명과 어린이 60명이 입장했을 때 입장료는 모두 얼마입니까?

[답]

4 입어봐 매장에서는 1벌을 팔면 4650원이 남는 티셔츠를 53벌 팔았고, 짱이뻐 매장에서는 1벌을 팔면 5820원이 남는 티셔츠를 45벌 팔았습니다. 어느 매장이 얼마 더 많이 남았습니까?

[답]

5 다음 5장의 숫자 카드를 한 번씩만 사용하여 곱이 가장 큰 (세 자리 수) × (두 자리 수)를 만들어 계산하시오.

4   5   7   8   9

[답]

6 □ 안에 들어갈 네 자리 수는 모두 몇 개입니까?

$$53 \times 7 \times 18 < □ < 557 \times 4 \times 3$$

[답]

🐡 서술형 · 논술형

7 어느 공장에서 1시간에 스탠드를 529개 만든다고 합니다. 이 공장에서 하루에 10시간씩 3주일 동안 만들 수 있는 스탠드는 모두 몇 개인지 풀이 과정을 쓰고 답을 구하시오.

_____

_____

[답]

8 1년을 365일로 계산하면 80년은 몇 시간입니까?

[답]

9 다음 나눗셈의 몫은 한 자리 수입니다. □ 안에 들어갈 수 있는 수 중 가장 작은 수를 구하시오.

$$288 \div \square$$

[답]

10 다음 나눗셈의 몫이 14일 때, □ 안에 들어갈 수 있는 숫자를 모두 구하시오.

$$5\square 3 \div 38$$

[답]

11 어떤 수를 19로 나누었더니 몫이 32였습니다. 이 조건을 만족하는 어떤 수는 몇 개입니까?

[답]

12 28로 나누었을 때 몫이 가장 크고 나머지가 6이 되는 세 자리 수는 얼마입니까?

[답]

13 5장의 숫자 카드를 한 번씩만 사용하여 몫이 가장 큰 (세 자리 수)÷(두 자리 수)의 식을 만들고, 몫과 나머지를 구하시오.

| 2 | 3 | 5 | 7 | 8 |

☐☐☐ ÷ ☐☐

[몫]

[나머지]

서술형·논술형

14 어떤 수를 32로 나누었더니 몫이 15이고 나머지가 24였습니다. 어떤 수를 48로 나눌 때 몫과 나머지는 각각 얼마인지 풀이 과정을 쓰고 답을 구하시오.

[답]

15 가현이네 학교 4학년 학생 538명이 체육대회 날 몸풀기 게임으로 짝짓기 놀이를 하였습니다. 25명씩 짝짓기 놀이를 하여 남은 학생들은 빼고 짝을 지었던 학생들끼리 다시 18명씩 짝을 지었습니다. 짝을 짓지 못하고 남은 학생들은 처음과 나중 게임을 합하여 모두 몇 명입니까?

[답]

사고력도 탄탄! 창의력도 탄탄!

기탄고력수학 H1

H31a ~ H45b

학습 관리표

학습 내용		이번 주는?
각도	• 각의 크기 비교 • 각의 크기 재기 • 각도가 주어진 각 그리기 • 각도를 어림하고 합과 차를 계산하기 • 삼각형의 세 각의 크기의 합 • 사각형의 네 각의 크기의 합 • 창의력 학습 • 경시대회 예상문제	• 학습 방법 : ① 매일매일 ② 가끔 ③ 한꺼번에 　　　　　 하였습니다. • 학습 태도 : ① 스스로 잘 ② 시켜서 억지로 　　　　　 하였습니다. • 학습 흥미 : ① 재미있게 ② 싫증내며 　　　　　 하였습니다. • 교재 내용 : ① 적합하다고 ② 어렵다고 ③ 쉽다고 　　　　　 하였습니다.

지도 교사가 부모님께	부모님이 지도 교사께

평가	Ⓐ 아주 잘함	Ⓑ 잘함	Ⓒ 보통	Ⓓ 부족함

원(교)　　　　반　　이름　　　　　전화

기초부터 탄탄하게
G 기탄교육
www.gitan.co.kr / (02)586-1007(대)

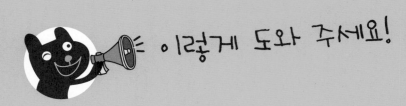

● **학습 목표**
– 각의 크기를 이해하고 두 변의 벌어진 정도에 따라 각의 크기가 다르다는 것을 알
  수 있습니다.
– 각도의 뜻과 각도의 단위인 직각, 도(°)를 이해하고 각도를 읽을 수 있습니다.
– 각도기를 사용하여 각도를 재고 각도가 주어진 각을 그릴 수 있습니다.
– 각도를 어림하고 실제로 재어 비교할 수 있으며, 각도의 합과 차를 구할 수 있습니
  다.
– 삼각형의 세 각의 크기의 합이 180°, 사각형의 네 각의 크기의 합이 360°임을 알
  수 있습니다.

● **지도 내용**
– 여러 가지 각의 크기를 비교할 수 있게 합니다.
– 각도의 뜻, 단위, 1직각을 알고 각도기를 사용하여 각도를 재거나 그릴 수 있게 합
  니다.
– 각도를 어림하고 합과 차를 구할 수 있게 합니다.
– 삼각형의 세 각의 합이 180°, 사각형의 네 각의 합이 360°임을 알고 그것을 이용
  하여 도형의 각도를 알 수 있게 합니다.

● **지도 요점**
각도를 측정하는 도구인 각도기를 사용하여 각도를 재고 주어진 각도를 그릴 수 있
으며, 각도를 어림하는 활동을 통해 각도의 양감을 기를 수 있게 합니다. 자연
수의 덧·뺄셈과 연계하여 각도의 합과 차를 구할 수 있게 합니다. 삼각형과 사각
형의 내각의 합을 알고 그것을 이용하여 여러 가지 도형의 각도 문제를 해결할
수 있게 합니다.

❀ 이름 :

❀ 날짜 :

❀ 시간 : 시   분 ~   시   분

확인

◆ **각의 크기 비교** ◆

1 두 각 중에서 더 큰 각인 쪽에 ◯표 하시오.

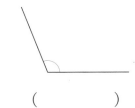

(   )   (   )

2 보기 의 각보다 작은 각에 ◯표 하시오.

보기

  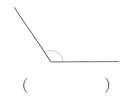

(   )   (   )   (   )

🐸 큰 각부터 차례로 번호를 쓰시오. [3~4]

3

(   )   (   )   (   )

4

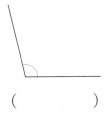 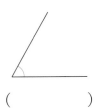

(   )   (   )   (   )

5 두 각 중에서 더 큰 각의 기호를 쓰시오.

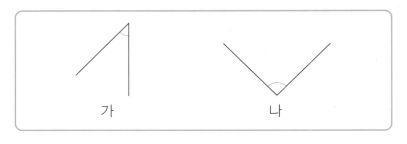

가　　　　　　나

[답]

6 세 각 중에서 가장 큰 각과 가장 작은 각의 기호를 쓰시오.

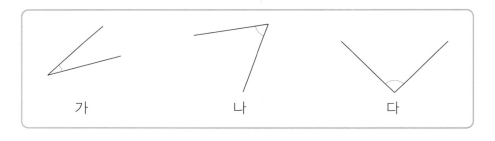

가　　　　　　나　　　　　　다

가장 큰 각 (　　　　　　　　　　)
가장 작은 각 (　　　　　　　　　　)

7 보기 보다 작은 각과 큰 각을 각각 그려 보시오.

보기

작은 각　　　　　　　　　　큰 각

★ 이름 :

★ 날짜 :

★ 시간 :　　시　분~　시　분

확인

◆ **각의 크기 재기** ◆

각의 크기를 각도라고 합니다. 각도를 나타내는 단위는 I직각과 I도가 있습니다. I직각을 똑같이 90으로 나눈 하나를 I도라 하고, I°라고 씁니다.

1 각도기를 이용하여 다음과 같이 각도를 재려고 합니다. 순서에 맞게 기호를 쓰시오.

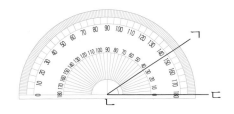

⊙ 변 ㄱㄴ이 닿은 눈금을 읽습니다.
ⓒ 꼭짓점 ㄴ에 각도기의 중심을 맞춥니다.
ⓒ 각도기의 밑금을 변 ㄴㄷ에 맞춥니다.

[답]

2 각도를 바르게 읽은 사람은 누구입니까?

120°

서현

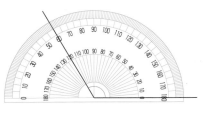

60°

용화

[답]

사고력 학습

각도를 읽어 보시오. [3~4]

3

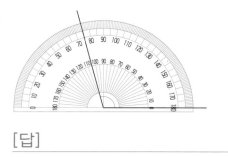

[답] _____

4

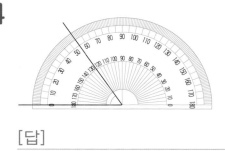

[답] _____

각도기를 이용하여 각도를 재어 보시오. [5~6]

5

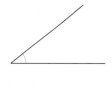

[답] _____

6

[답] _____

7 다음 삼각형에서 각 ㄴㄷㄱ의 크기를 재어 보시오.

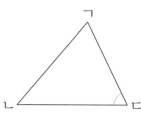

[답] _____

✿ 이름 :

✿ 날짜 :

✿ 시간 :　　시　분 ~ 　시　분

확인

◆ **각도가 주어진 각 그리기** ◆

1 각도기를 이용하여 크기가 **50°**인 각 ㄱㄴㄷ을 그리려고 합니다. 그리는 순서대로 기호를 쓰시오.

> ㉠ 점 ㄱ과 점 ㄴ을 이어 각의 다른 한 변 ㄱㄴ을 긋습니다.
> ㉡ 각도기의 중심을 점 ㄴ에, 각도기의 밑금을 변 ㄴㄷ에 맞춥니다.
> ㉢ 각의 한 변 ㄴㄷ을 긋습니다.
> ㉣ 각도기에서 **50°**가 되는 눈금 위에 점 ㄱ을 찍습니다.

[답]

🐸 점 ㄱ을 각의 꼭짓점으로 하여 크기가 다음과 같은 각을 그려 보시오. [2~3]

2

100°

3

85°

4 점 ㄱ을 각의 꼭짓점으로 하고, 주어진 선분을 한 변으로 하는 각도가 **130°**인 각을 그리시오.

ㄱ

🐸 주어진 각도와 크기가 같은 각을 그려 보시오. [5~6]

5 45°

6 150°

🐸 주어진 각도와 크기가 같은 각을 그려 보시오. [7~8]

7 85°

8 135°

9 각의 크기를 재어 ☐ 안에 써넣고 주어진 선분을 이용하여 크기가 같은 각을 그려 보시오.

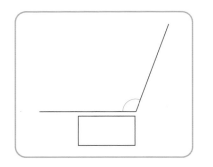

♣ 이름 :

♣ 날짜 :

♣ 시간 :　　시　분 ~　시　분

확인

◆ **각도를 어림하고 합과 차를 계산하기(1)** ◆

🐸　각도를 어림하여 보고 각도기를 이용하여 재어 보시오. [1~2]

1

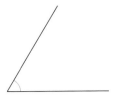

어림한 각도 : ☐

잰 각도 : ☐

2

어림한 각도 : ☐

잰 각도 : ☐

3 두 각도의 합을 구하는 과정입니다. ☐ 안에 알맞은 수를 써넣으시오.

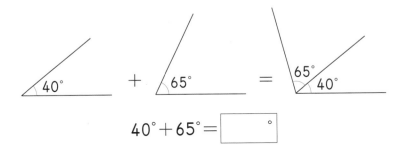

$$40° + 65° = \boxed{}°$$

4 두 각도의 차를 구하는 과정입니다. ☐ 안에 알맞은 수를 써넣으시오.

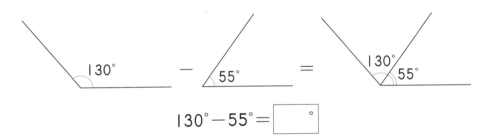

$$130° - 55° = \boxed{}°$$

🐸 각도기로 두 각을 각각 재어 보고 두 각도의 합을 계산하시오. [5~6]

5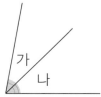

가 + 나 = ⬚° + ⬚° = ⬚°

6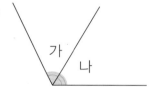

가 + 나 = ⬚° + ⬚° = ⬚°

🐸 각도기로 두 각을 각각 재어 보고 두 각도의 차를 계산하시오. [7~8]

7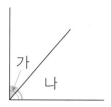

가 − 나 = ⬚° − ⬚° = ⬚°

8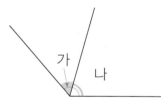

가 − 나 = ⬚° − ⬚° = ⬚°

✿ 이름 :

✿ 날짜 :

✿ 시간 :　　　　시　　분 ~ 　　시　　분

◆ 각도를 어림하고 합과 차를 계산하기(2) ◆

🐸　☐ 안에 알맞은 수를 써넣으시오. [1~4]

1

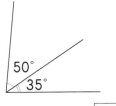

$35° + 50° = $ ☐ °

2

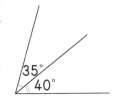

$40° + 35° = $ ☐ °

3

$85° + 55° = $ ☐ °

4

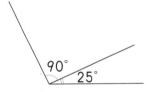

$25° + 90° = $ ☐ °

🐸　두 각도의 합을 구하시오. [5~6]

5

[답]

6

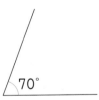 

[답]

사고력 학습

🐸 ☐ 안에 알맞은 수를 써넣으시오. [7~10]

7

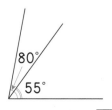

$80° - 55° = $ ☐ °

8

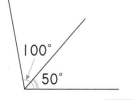

$100° - 50° = $ ☐ °

9

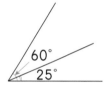

$60° - 25° = $ ☐ °

10

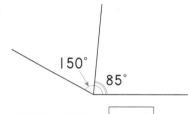

$150° - 85° = $ ☐ °

🐸 두 각도의 차를 구하시오. [11~12]

11

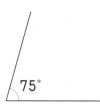   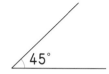

[답] _____

12

[답] _____

✿ 이름 :

✿ 날짜 :

✿ 시간 :　　시　분 ~ 　시　분

확인

◆ **각도를 어림하고 합과 차를 계산하기(3)** ◆

😀 각도의 합을 계산하시오. [1~8]

1 75° + 40°

2 60° + 35°

3 80° + 25°

4 45° + 75°

5 100° + 65°

6 115° + 40°

7 30° + 95°

8 50° + 120°

😀 각도의 차를 계산하시오. [9~16]

9 50° − 35°

10 85° − 40°

11 90° − 65°

12 75° − 50°

13 120° − 65°

14 105° − 80°

15 135° − 45°

16 160° − 115°

🐸 ☐ 안에 알맞은 수를 써넣으시오. [17~20]

17 1직각＋35°＝ ☐ °

18 3직각＋60°＝ ☐ °

19 2직각－70°＝ ☐ °

20 4직각－165°＝ ☐ °

🐸 두 각도의 합과 차를 계산하시오. [21~23]

21

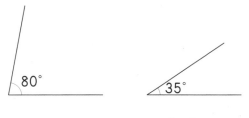

[합] _____ [차] _____

22

[합] _____ [차] _____

23

[합] _____ [차] _____

| 이름 : |
| 날짜 : |
| 시간 :   시   분 ~   시   분 |

확인

◆ **각도를 어림하고 합과 차를 계산하기(4)** ◆

1 미선이와 정웅이가 각도를 어림한 것입니다. 각도기로 재어 보고 누가 더 어림을 잘했는지 쓰시오.

> 미선 : 80°
> 정웅 : 65°

[답]

🐸 다음 두 각도의 합과 차를 계산하시오. [2~4]

2   70°   65°

[합]   [차]

3   35°   120°

[합]   [차]

4   95°   40°

[합]   [차]

사고력 학습

5 관계있는 것끼리 선으로 이으시오.

$155° - 15°$	•		•	$125°$
$80° + 50°$	•		•	$140°$
$170° - 45°$	•		•	$130°$

각의 크기를 비교하여 ○ 안에 >, <를 알맞게 써넣으시오. [6~8]

6 1직각 $+ 50°$ ◯ $75° + 55°$

7 $125° - 15°$ ◯ 2직각 $- 65°$

8 $160° - 75°$ ◯ $40° + 50°$

9 가장 큰 각을 찾아 기호를 쓰시오.

㉠ $25° + 1$직각	㉡ $155° - 60°$
㉢ $75° + 50°$	㉣ 2직각 $- 85°$

[답]

✿ 이름 :

✿ 날짜 :

✿ 시간 :   시   분 ~   시   분

확인

◆ **각도를 어림하고 합과 차를 계산하기(5)** ◆

🐸 다음 중 가장 큰 각과 가장 작은 각을 찾아 각도의 합과 차를 계산하시오. [1~2]

1

각도의 합 : ☐ ° + ☐ ° = ☐ °

각도의 차 : ☐ ° − ☐ ° = ☐ °

2

각도의 합 : ☐ ° + ☐ ° = ☐ °

각도의 차 : ☐ ° − ☐ ° = ☐ °

🐸 ☐ 안에 알맞은 수를 써넣으시오. [3~6]

3 ☐ ° + 45° = 110°

4 2직각 + ☐ ° = 230°

5 145° − ☐ ° = 65°

6 ☐ ° − 1직각 = 45°

🐸 다음과 같은 2개의 삼각자를 이용하여 여러 가지 크기의 각을 만들려고 합니다. ☐ 안에 알맞은 수를 써넣으시오. [7~10]

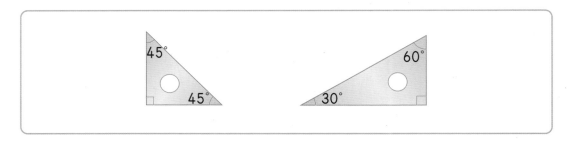

7

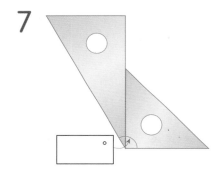

8

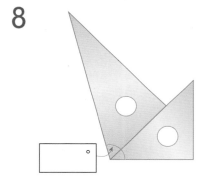

9

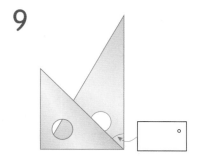

10

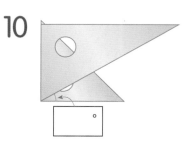

H-39a

♣ 이름 :

♣ 날짜 :

♣ 시간 :　　시　　분 ~　　시　　분

확인

◆ **삼각형의 세 각의 크기의 합(1)** ◆

> 삼각형의 세 각의 크기의 합은 180° 입니다.

🐸 각도기로 삼각형의 세 각의 크기를 각각 재어 보고 그 합을 구하시오. [1~3]

1

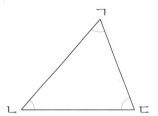

각	각 ㄱ	각 ㄴ	각 ㄷ
각도			

세 각의 크기의 합 : ☐

2

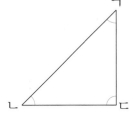

각	각 ㄱ	각 ㄴ	각 ㄷ
각도			

세 각의 크기의 합 : ☐

3

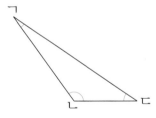

각	각 ㄱ	각 ㄴ	각 ㄷ
각도			

세 각의 크기의 합 : ☐

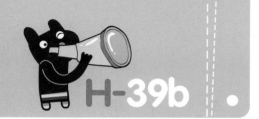

🐸 □ 안에 알맞은 수를 써넣으시오. [4~5]

4
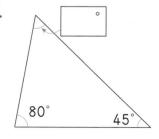

$$\boxed{}°+80°+45°=180°$$

5
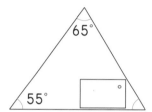

$$65°+55°+\boxed{}°=180°$$

🐸 □ 안에 알맞은 수를 써넣으시오. [6~9]

6
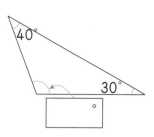

7
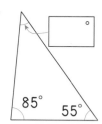

8
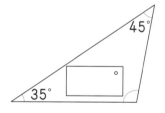

9
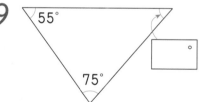

🚗 사고력 학습

★ 이름 :

★ 날짜 :

★ 시간 :　　시　　분 ～　　시　　분

확인

◆ **삼각형의 세 각의 크기의 합**(2) ◆

1 삼각형을 그림과 같이 잘라서 세 각을 맞추어 보았습니다. 삼각형의 세 각의 크기의 합은 몇 도입니까?

[답]

🐸 다음 도형에서 ㉠과 ㉡의 합을 구하시오. [2~5]

2

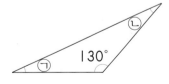

130°

[답]

3

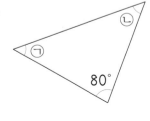

80°

[답]

4

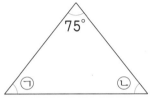

75°

[답]

5

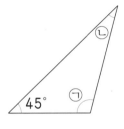

45°

[답]

사고력 학습

6 삼각형의 세 각 중에서 두 각의 크기가 다음과 같을 때 나머지 한 각의 크기를 구하시오.

$$85° \qquad 45°$$

[답]

□ 안에 알맞은 수를 써넣으시오. [7~12]

7
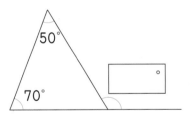

8
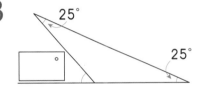

9
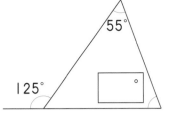

10
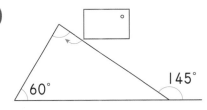

11
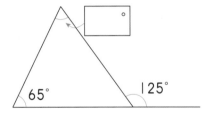

12
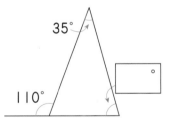

♣ 이름 :

♣ 날짜 :

♣ 시간 :　　　시　　　분 ~ 　　　시　　　분

확인

◆ **사각형의 네 각의 크기의 합(1)** ◆

사각형의 네 각의 크기의 합은 360°입니다.

🐸 각도기로 사각형의 네 각의 크기를 각각 재어 보고 그 합을 구하시오. [1~3]

1

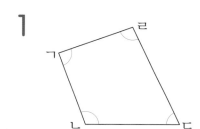

각	각 ㄱ	각 ㄴ	각 ㄷ	각 ㄹ
각도				

네 각의 크기의 합 : ☐

2

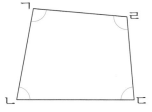

각	각 ㄱ	각 ㄴ	각 ㄷ	각 ㄹ
각도				

네 각의 크기의 합 : ☐

3

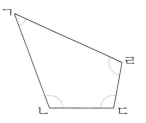

각	각 ㄱ	각 ㄴ	각 ㄷ	각 ㄹ
각도				

네 각의 크기의 합 : ☐

사고력 학습

🐸 □ 안에 알맞은 수를 써넣으시오. [4~5]

4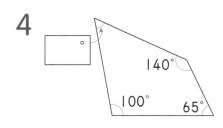

$$\boxed{}° + 100° + 65° + 140° = 360°$$

5

$$70° + 85° + 120° + \boxed{}° = 360°$$

🐸 □ 안에 알맞은 수를 써넣으시오. [6~9]

6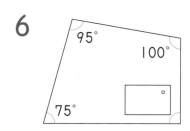

7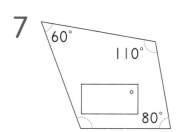

8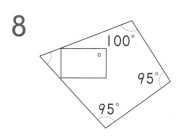

9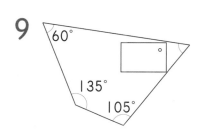

✿ 이름 :

✿ 날짜 :

✿ 시간 :　　시　　분 ~　　시　　분

확인

◆ **사각형의 네 각의 크기의 합(2)** ◆

1　사각형을 그림과 같이 잘라서 네 각을 맞추어 보았습니다. 사각형의 네 각의 크기의 합은 몇 도입니까?

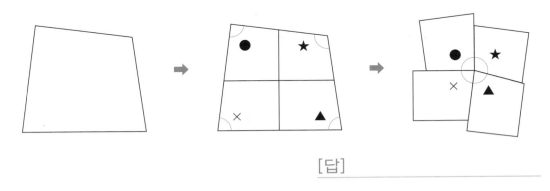

[답]

😃 다음 도형에서 ㉠과 ㉡의 합을 구하시오. [2~5]

2
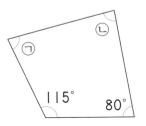

[답]

3
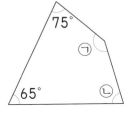

[답]

4
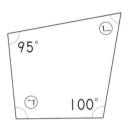

[답]

5
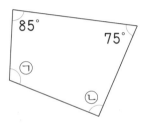

[답]

6 사각형의 네 각 중에서 세 각의 크기는 각각 65°, 85°, 120°입니다. 나머지 한 각의 크기를 구하시오.

[답]

 ☐ 안에 알맞은 수를 써넣으시오. [7~12]

7

95°
95°
100°
☐°

8

50°
85°
☐°
125°

9

95°
☐°
110°
105°

10

80°
☐°
70°
85°

11

85° 100°
☐°
105°

12

55°
☐°
75° 110°

✿ 이름 :

✿ 날짜 :

✿ 시간 :　　시　분 ~　　시　분

확인

🔵 창의력 학습

웅이와 엄지의 대화를 보고 무엇에 대한 설명인지 알아볼까요?

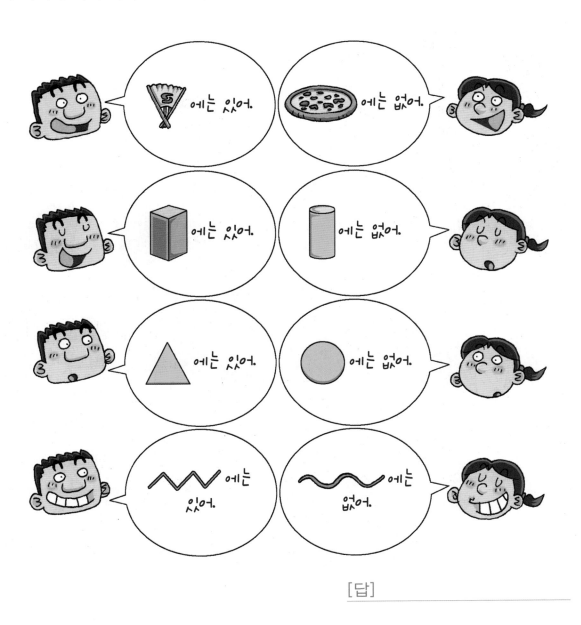

[답] _____

다정이네 가족이 놀러간 놀이공원에는 수많은 각들이 숨어 있어요. 표시된 4개의 각들 중 가장 큰 각을 찾아서 ◯표 해 보세요.

🌸 이름 :

🌸 날짜 :

🌸 시간 : 시 분~ 시 분

확인

 경시대회 예상문제

1 점을 이어서 크기가 다른 각 **3**개를 그려 보시오.

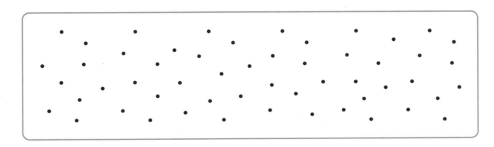

🐸 다음 그림을 보고 물음에 답하시오. [2~3]

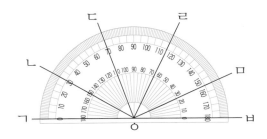

2 각 ㄱㅇㄹ은 몇 도입니까?

[답]

3 각 ㄴㅇㅁ은 몇 도입니까?

[답]

4 각도기로 왼쪽 각의 크기를 재어 왼쪽 각보다 20° 더 큰 각을 주어진 선분을 한 변으로 하여 그려 보시오.

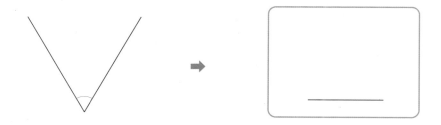

5 시계의 긴 바늘과 짧은 바늘이 2직각을 이룰 때의 정각 시각은 몇 시입니까?

[답] _____

서술형·논술형

6 다음 그림에서 각 ㄴㅇㄷ의 크기는 몇 도인지 풀이 과정을 쓰고 답을 구하시오.

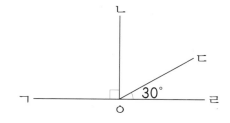

_____

_____

[답] _____

7 다음 도형의 표시된 각들의 합을 구하시오.

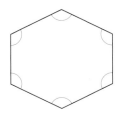

[답]

8 그림과 같이 직사각형 모양의 종이를 접었을 때 각 ㉠의 크기는 몇 도인지 풀이 과정을 쓰고 답을 구하시오.

[답]

9 도형에서 각 ㄹㅁㄷ의 크기를 구하시오.

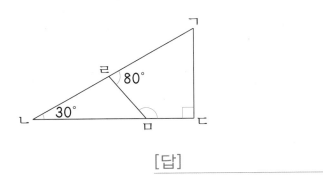

[답]

🐸 그림과 같은 두 삼각자를 이용하여 만들 수 있는 각도를 알아보려고 합니다. 물음에 답하시오. [10~11]

10 다음 그림과 같이 두 삼각자를 겹치지 않게 붙였을 때 두 꼭짓점이 만나서 생기게 되는 각도를 모두 쓰시오.

㉠

[답]

11 다음 그림과 같이 두 삼각자를 겹쳤을 때 두 꼭짓점이 만나서 생기게 되는 각도를 모두 쓰시오.

㉠

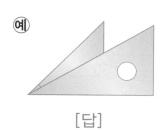

[답]

사고력도 탄탄! 창의력도 탄탄!

기탄고력수학 H1

🐜 H46a ~ H60b

학습 관리표

학습 내용		이번 주는?
확인 학습	• 큰 수 • 곱셈과 나눗셈 • 각도 • 창의력 학습 • 경시대회 예상문제 • 성취도 테스트	• 학습 방법 : ① 매일매일 ② 가끔 ③ 한꺼번에 　　　　　　하였습니다. • 학습 태도 : ① 스스로 잘 ② 시켜서 억지로 　　　　　　하였습니다. • 학습 흥미 : ① 재미있게 ② 싫증내며 　　　　　　하였습니다. • 교재 내용 : ① 적합하다고 ② 어렵다고 ③ 쉽다고 　　　　　　하였습니다.

지도 교사가 부모님께	부모님이 지도 교사께

평가	Ⓐ 아주 잘함	Ⓑ 잘함	Ⓒ 보통	Ⓓ 부족함

원(교)　　　　　반　　이름　　　　　전화

기초부터 탄탄하게
Ⓖ 기탄교육
www.gitan.co.kr / (02)586-1007(대)

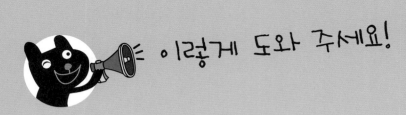

이렇게 도와 주세요!

● 학습 목표
– 큰 수를 이해하여 쓰고 읽을 수 있습니다.
– 큰 수의 계열을 이해할 수 있습니다.
– 큰 수의 크기를 비교할 수 있습니다.
– (세 자리 수)×(두 자리 수), (네 자리 수)×(두 자리 수)의 계산 원리와 형식을 이해
  하고 계산할 수 있습니다.
– (두 자리 수)÷(두 자리 수), (세 자리 수)÷(두 자리 수)의 계산 원리와 형식을 이해
  하고 계산할 수 있습니다.
– 각도의 뜻과 각도의 단위인 직각, 도(°)를 이해하고 각도의 합과 차를 구할 수 있습
  니다.
– 삼각형의 세 각의 크기의 합이 180°, 사각형의 네 각의 크기의 합이 360°임을 알
  수 있습니다.

● 지도 내용
– 큰 수의 개념을 이해하여 큰 수와 관련된 문제들을 해결할 수 있게 합니다.
– (세 자리 수)×(두 자리 수), (네 자리 수)×(두 자리 수), (두 자리 수)÷(두 자리 수),
  (세 자리 수)÷(두 자리 수)의 계산 원리와 형식을 이해하고 계산할 수 있게 합니다.
– 각도를 알고 각도를 이용한 여러 가지 문제들을 해결할 수 있게 합니다.

● 지도 요점
앞에서 학습한 큰 수, 곱셈과 나눗셈, 각도를 알고 확인 학습하는 곳입니다.
여러 유형의 문제를 접해 보게 함으로써 아이가 학습한 지식을 잘 활용할 수 있도록
지도해 주십시오. 그리고 성취도 테스트를 이용해서 주어진 시간 내에 주어진 문제를
푸는 연습을 하도록 지도해 주십시오.

◆ 큰 수 ◆

1 □ 안에 공통으로 들어가는 수는 얼마입니까?

> • 10000은 9990보다 □ 큰 수
>
> • 10000은 1000이 □개인 수

[답] _____

2 □ 안에 알맞은 수를 써넣으시오.

84257은
- 10000이 □ 개
- 1000이 □ 개
- 100이 □ 개
- 10이 □ 개
- 1이 □ 개

3 다음 수를 보기 와 같이 나타내시오.

> **보기**
>
> 56582＝50000＋6000＋500＋80＋2

71395＝ _____

확인 학습

H-46b

4 ☐ 안에 알맞은 수를 써넣으시오.

> 42819036

백만의 자리 숫자는 ☐ 이고 ☐ 을 나타냅니다.

5 다음 중 숫자 7이 나타내는 숫자가 가장 큰 것을 찾아 기호를 쓰시오.

> ㉠ 5673286　　㉡ 713902
> ㉢ 17003465　　㉣ 9754380

[답]

6 62150의 1000배인 수를 쓰고, 읽어 보시오.

[쓰기]

[읽기]

7 다음에서 ㉠이 나타내는 수는 ㉡이 나타내는 수의 몇 배입니까?

> 52175498
> ㉠　㉡

[답]

 확인 학습

8 보기와 같이 수로 나타내어 보시오.

> **보기**
>
> 팔억 육천삼백오십만 구백이십오
> ➡ 8억 6350만 925 또는 863500925

오백사억 칠천육백삼십이만 사천오

➡ _____

9 다음 수를 보고 ☐ 안에 알맞은 수나 말을 써넣으시오.

270912354682에서

숫자 7은 ☐ 의 자리 숫자이고 ☐ 을 나타냅니다.

10 억이 5241개, 만이 2738개, 1이 9540개인 수의 일억의 자리 숫자는 무엇
입니까?

[답]

11 연필이 한 상자에 500자루씩 들어 있습니다. 100만 상자에 들어 있는 연필
은 모두 몇 자루입니까?

[답]

12 1982354624091754에서 십조의 자리 숫자는 무엇이고 그 숫자가 나타내는 수는 얼마인지 쓰시오.

[숫자] _____

[수] _____

13 □에 들어갈 숫자는 백억의 자리 숫자와 같습니다. □ 안에 알맞은 숫자를 써넣으시오.

$$3 \boxed{} 279948345901003$$

14 다음을 수로 나타내었을 때 0의 개수가 가장 많은 수를 찾아 기호를 쓰시오.

> ㉠ 사조 이천육백억 천칠십삼
> ㉡ 육백이십조 삼천이백구십억 팔천만
> ㉢ 오백팔조 이십이억 사천오백구십만

[답] _____

15 10억씩 뛰어서 세어 보시오.

8조 1970억 ── ⬭ ── 8조 1990억 ── ⬭ ── ⬭

16 뛰어서 센 규칙을 찾아 빈 곳에 알맞은 수를 써넣으시오.

12조 6780억 ── ⬚ ── 12조 8780억 ── ⬚

17 480조 3000억에서 10조씩 4번 뛰어서 센 수를 구하시오.

[답]

18 빈칸에 알맞은 수를 써넣으시오.

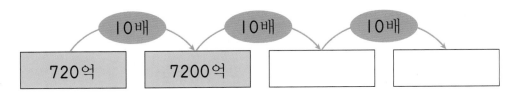

720억 — 10배 → 7200억 — 10배 → ☐ — 10배 → ☐

19 500억에서 몇씩 2번 뛰어서 센 수가 600억입니다. 몇씩 뛰어서 센 것입니까?

[답]

20 30억의 10000배인 수는 3억의 몇 배입니까?

[답]

21 규원이네 가족이 여행을 가기 위해 80만 7000원을 모았습니다. 매달 5만 원씩 더 모은다면 5달 후에는 얼마가 되겠습니까?

[답]

22 태양에서 천왕성까지의 거리는 28억 7000만 km입니다. 이 거리는 1m짜리 줄자를 쭉 펴서 몇 개를 늘어놓은 것과 같습니까?

[답]

23 수직선에서 ㉠에 알맞은 수는 얼마입니까?

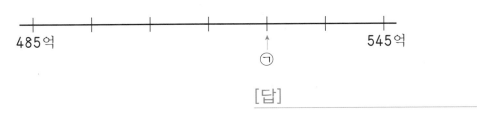

[답] _____

24 다음 중 가장 큰 수를 찾아 기호를 쓰시오.

> ㉠ 5740000000
> ㉡ 5억 8000만 6154
> ㉢ 60000이 10000개인 수

[답] _____

25 0부터 9까지의 숫자 중에서 ☐ 안에 들어갈 수 있는 숫자를 모두 구하시오.

> 827억 650만 < 8270☐370000

[답] _____

26 어느 세 나라의 인구 수를 조사하여 나타낸 것입니다. 인구가 가장 많은 나라는 어느 곳입니까?

나라	가	나	다
인구 수(명)	468901250	1억 6540만	5447만

[답]

27 0에서 5까지의 숫자를 각각 두 번까지 사용하여 만들 수 있는 여덟 자리의 수 중에서 두 번째로 큰 수를 쓰고 읽어 보시오.

[쓰기]

[읽기]

28 보기 와 같이 다음 숫자 카드를 한 번씩 모두 사용하여 풀 수 있는 문제를 만들고 풀어 보시오.

0 1 2 3 4 5 6 7 8 9

보기

일억의 자리 숫자가 4인 가장 큰 수를 구하시오.
9487653210

[답]

확인 학습

✿ 이름 :

✿ 날짜 :

✿ 시간 :　　　시　　분 ~　　시　　분

확인

◆ **곱셈과 나눗셈** ◆

1 빈칸에 알맞은 수를 써넣으시오.

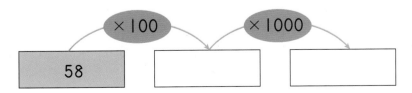

×100　　　　　　×1000

| 58 |

2 곱이 같은 것끼리 선으로 이으시오.

200×900 •　　　　　　　• 20×1000

500×40 •　　　　　　　• 60×2000

300×400 •　　　　　　　• 30×6000

3 곱의 크기를 비교하여 ○ 안에 >, =, <를 알맞게 써넣으시오.

9000×5000 ○ 700×70000

4 800×400의 계산입니다. 8×4=32에서 숫자 2는 어느 자리에 써야 하는지 기호를 쓰시오.

```
        8 0 0
×       4 0 0
㉠㉡㉢㉣㉤㉥
```

[답] _____

5 선착순으로 신제품을 구매한 고객 400명에게 7000원짜리 우산을 하나씩 기념품으로 주려고 합니다. 기념품값은 모두 얼마입니까?

[답] _____

6 □ 안에 알맞은 수를 써넣으시오.

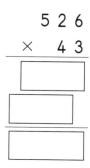

```
        5 2 6
×         4 3
      ┌─────┐
      └─────┘
    ┌───────┐
    └───────┘
  ┌─────────┐
  └─────────┘
```

 확인 학습

H-51a

7 빈 곳에 알맞은 수를 써넣으시오.

	×	→	
2641	28	
35	487	

8 곱이 큰 것부터 차례로 기호를 쓰시오.

ㄱ 734 × 84   ㄴ 4261 × 19
ㄷ 2135 × 24   ㄹ 822 × 53

[답]

9 두 곱의 크기를 비교하여 ○ 안에 > , = , < 를 알맞게 써넣으시오.

9 × 27 × 62 ○ 83 × 4 × 17

확인 학습

10 준희네 과수원에서 올해 수확한 사과를 한 상자에 18개씩 담아서 포장하였습니다. 포장한 상자가 2618상자라면 준희네 과수원에서 수확한 사과는 모두 몇 개입니까?

[답] _____

11 어느 공장에서 한 대의 기계가 한 시간에 8개의 제품을 만든다고 합니다. 28대의 똑같은 기계로 5시간 동안 만드는 제품은 모두 몇 개입니까?

[답] _____

12 ☐ 안에 알맞은 숫자를 써넣으시오.

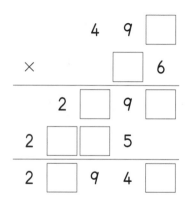

$$
\begin{array}{r}
4\ 9\ \square \\
\times\ \ \square\ 6 \\
\hline
2\ \square\ 9\ \square \\
2\ \square\ \square\ 5 \\
\hline
2\ \square\ 9\ 4\ \square
\end{array}
$$

😊 다음 계산을 하고 검산을 하시오. [13~16]

13 490÷50

(검산) _____

14 325÷40

(검산) _____

15

27)7 8

(검산) _____

16

34)9 5

(검산) _____

17 몫의 크기를 비교하여 ○ 안에 >, =, <를 알맞게 써넣으시오.

511÷70 ◯ 344÷50

18 큰 수를 작은 수로 나눈 몫과 나머지를 구하시오.

64   17

[몫] _____

[나머지] _____

19 어떤 수를 25로 나누었을 때, 나올 수 있는 나머지 중 가장 큰 수는 얼마입니까?

[답] _____

20 나머지가 큰 것부터 차례로 ◯ 안에 번호를 써넣으시오.

21 60개의 사탕을 한 봉지에 16개씩 포장하려고 합니다. 사탕은 몇 봉지가 되고 몇 개가 남습니까?

[답] _____

22 82명의 학생들이 체험학습을 가는데 25인승 버스에 나누어 태우고 남는 학생들은 9인승 승합차에 태우려고 합니다. 승합차에 타게 되는 학생은 몇 명입니까?

[답] _____

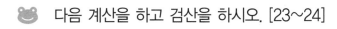 다음 계산을 하고 검산을 하시오. [23~24]

23

$$75 \overline{)628}$$

24

$$44 \overline{)719}$$

(검산) _____

(검산) _____

25 몫이 가장 큰 것을 찾아 기호를 쓰시오.

> ㉠ $478 \div 69$ ㉡ $584 \div 83$ ㉢ $297 \div 32$

[답] _____

26 둘레의 길이가 840m인 호숫가에 14m 간격으로 나무를 심는다면 나무는 모두 몇 그루가 필요합니까?

[답] _____

확인 학습

27 어떤 수를 45로 나누었더니 몫이 17이고 나머지가 15였습니다. 어떤 수는 얼마입니까?

[답]

28 승주가 가지고 있는 구슬은 모두 540개입니다. 이 구슬을 남김없이 친구 16 명에게 똑같이 나누어 주려고 합니다. 적어도 몇 개의 구슬이 더 있어야 합니까?

[답]

🐸 다음 숫자 카드를 한 번씩만 사용하여 몫이 가장 큰 (세 자리 수)÷(두 자리 수)의 나눗셈식을 만들고 몫과 나머지를 구하려고 합니다. 물음에 답하시오. [29~30]

| 1 | 3 | 4 | 6 | 7 |

29 몫이 가장 큰 (세 자리 수)÷(두 자리 수)의 나눗셈식을 만들어 보시오.

☐☐☐ ÷ ☐☐

30 29번에서 만든 나눗셈식의 몫과 나머지를 구하시오.

[몫]

[나머지]

✿ 이름 :	확인
✿ 날짜 :	
✿ 시간 : 시 분 ~ 시 분	

H-54a

◆ 각도 ◆

1 색종이로 만든 부채 모양을 펼쳐 보았습니다. 더 크게 펼쳐진 것에 ◯표 하시오.

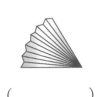

(   )   (   )

2 큰 각부터 차례로 번호를 쓰시오.

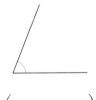

(   )   (   )   (   )

3 점을 이어서 크기가 다른 각 **2**개를 그려 보시오.

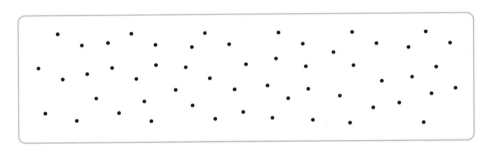

확인 학습

4 각도기로 각도를 바르게 잰 것에 ◯표 하시오.

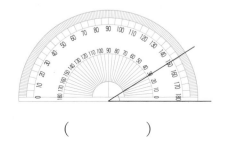 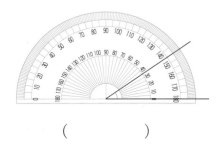

(   )   (   )

5 각도를 읽어 보시오.

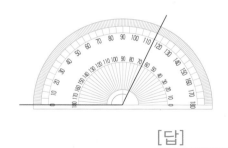

[답] _____

6 다음 삼각형에서 각 ㄴㄷㄱ의 크기를 재어 보시오.

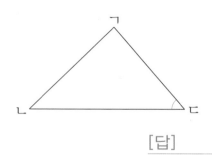

[답] _____

7 각도기를 이용하여 크기가 80°인 각 ㄱㄴㄷ을 그리려고 합니다. 그리는 순서대로 기호를 쓰시오.

> ㉠ 각의 한 변 ㄴㄷ을 긋습니다.
> ㉡ 각도기의 중심을 점 ㄴ에, 각도기의 밑금을 변 ㄴㄷ에 맞춥니다.
> ㉢ 점 ㄱ과 점 ㄴ을 이어 각의 다른 한 변 ㄱㄴ을 긋습니다.
> ㉣ 각도기에서 80°가 되는 눈금 위에 점 ㄱ을 찍습니다.

[답] _____

8 점 ㄱ을 꼭짓점으로 하여 크기가 다음과 같은 각을 그려 보시오.

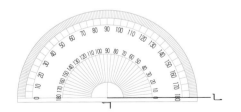

9 주어진 각도와 크기가 같은 각을 그려 보시오.

95°

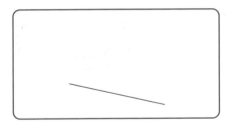

확인 학습

10 각의 크기를 재어 □ 안에 써넣고 주어진 선분을 이용하여 크기가 같은 각을 그려 보시오.

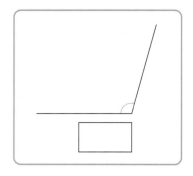

11 각도를 어림하여 보고 각도기를 이용하여 재어 보시오.

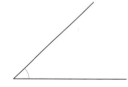

어림한 각도 :

잰 각도 :

12 다음 시계의 두 바늘이 이루는 작은 쪽의 각도는 몇 도입니까?

[답]

 확인 학습

13 각도기로 두 각을 각각 재어 보고 두 각도의 합을 계산하시오.

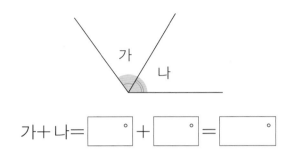

가+나=□°+□°=□°

14 두 각도의 차를 구하시오.

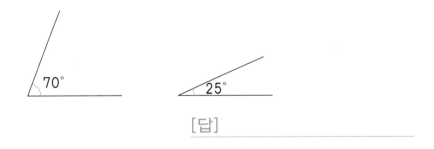

[답]

15 다음 중 가장 큰 각과 가장 작은 각을 찾아 각도의 합과 차를 계산하시오.

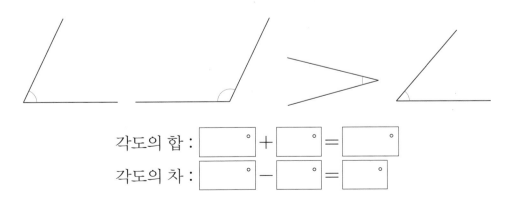

각도의 합 : □°+□°=□°

각도의 차 : □°−□°=□°

☻ □ 안에 알맞은 수를 써넣으시오. [16~17]

16 $\boxed{}° + 50° = 135°$

17 2직각$- \boxed{}° = 85°$

☻ 다음과 같은 2개의 삼각자를 이용하여 여러 가지 크기의 각을 만들었습니다. □ 안에 알맞은 수를 써넣으시오. [18~19]

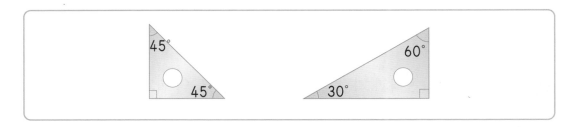

18

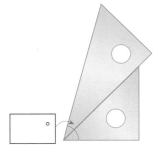

19

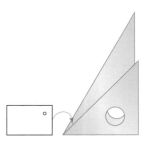

 확인 학습

🐸 □ 안에 알맞은 수를 써넣으시오. [20~21]

20
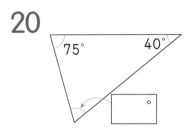

21
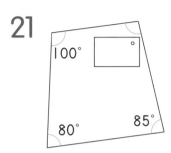

22 삼각형을 잘라서 세 각의 꼭짓점을 이어 붙인 것입니다. ㉠의 크기를 구하시오.

[답] _____

23 삼각형의 세 각 중에서 두 각의 크기가 다음과 같을 때 나머지 한 각의 크기를 구하시오.

[답] _____

확인 학습 ☕

24 ☐ 안에 알맞은 수를 써넣으시오.

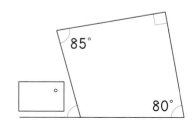

25 다음 도형에서 ㉠과 ㉡의 합을 구하시오.

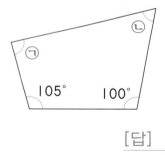

[답]

26 도형의 다섯 각의 크기의 합을 구하시오.

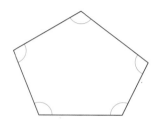

[답]

H-58a

✿ 이름 :

✿ 날짜 :

✿ 시간 :　　시　분 ~ 　시　분

확인

창의력 학습

나는 어떤 수일까요?

> • 나는 다섯 자리의 수입니다.
> • 각 자리의 숫자는 서로 다른 홀수입니다.
> • 홀수를 이용해 만들 수 있는 수 중에서 세 번째로 큰 수입니다.

[답]

삼각형과 사각형으로 여러 가지 다각형을 만들어 각도를 알아보려고 해요. 빈칸을 알맞게 채워 주세요.

창의력 학습

✿ 이름 :

✿ 날짜 :

✿ 시간 :　　시　　분 ~ 　　시　　분

확인

➕ 경시대회 예상문제

1 다음의 숫자 카드를 두 번씩 사용하여 열 자리 수를 만들 때 두 번째로 작은 수를 쓰고 읽어 보시오.

| 0 | 1 | 4 | 7 | 8 |

[쓰기]

[읽기]

2 ➡는 10배, ⬇는 100배를 나타낸다고 할 때, ㉠에 알맞은 수를 구하시오.

[답]

3 어느 공장에서 물건을 생산하는데 매년 10배씩 늘려서 생산하기로 하였습니다. 올해에 250000개의 물건을 생산하였다면 5년 후에는 몇 개의 물건을 생산하겠습니까?

[답]

서술형·논술형

4 소영이는 0부터 7까지의 숫자 카드를 각각 한 장씩 가지고 있고, 석우는 1, 3, 5, 7의 숫자 카드를 각각 2장씩 가지고 있습니다. 이 숫자 카드를 모두 한 번씩 사용하여 둘째로 큰 여덟 자리 수를 만들 때 더 큰 수를 만들 수 있는 사람은 누구인지 풀이 과정을 쓰고 답을 구하시오.

_____

_____

[답]

5 □ 안에 들어갈 수 있는 수 중에서 가장 작은 자연수를 구하시오.

$$37 \times \square > 496$$

[답]

6 10월 1일 새벽 0시부터 12월 31일 밤 12시까지는 모두 몇 시간입니까?

[답]

7 나눗셈식을 보고 나머지가 가장 큰 수가 되도록 □ 안에 알맞은 수를 써넣으시오.

$$\boxed{} \div 65 = 17 \cdots ★$$

🐜 서술형·논술형

8 어떤 수를 34로 나누어야 할 것을 잘못하여 43으로 나누었더니 몫이 23이고 나머지가 41이었습니다. 바르게 계산하면 몫과 나머지는 각각 얼마인지 풀이 과정을 쓰고 답을 구하시오.

_____

_____

[몫] _____

[나머지] _____

9 조건을 모두 만족하는 세 자리 수를 구하시오.

┌─────────────────────────────────────┐
│ ㉠ 각 자리 숫자의 합은 **9**입니다.   │
│ ㉡ 30으로 나누면 나머지가 24입니다.   │
│ ㉢ 일의 자리 숫자는 백의 자리 숫자의 2배입니다. │
└─────────────────────────────────────┘

[답] _____

10 시계의 긴바늘과 짧은바늘이 이루는 작은 쪽의 각이 120° 가 되는 시각을 모두 찾아 기호를 쓰시오.

┌─────────────────────────────────────┐
│ ㉠ 2시   ㉡ 3시   ㉢ 4시   │
│ ㉣ 6시   ㉤ 8시   ㉥ 10시   │
└─────────────────────────────────────┘

[답] _____

11 다음 그림에서 각 ㄴㅇㄷ의 크기를 구하시오.

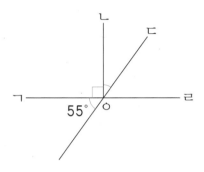

[답] _____

12 다음 도형에서 ㉠, ㉡, ㉢의 각도의 합을 구하시오.

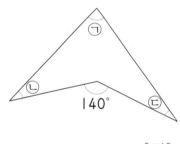

[답] _____

13 그림에서 각 ㄴㄱㅁ의 크기를 구하시오.

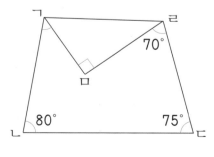

[답] _____

1 다음 중 천의 자리 숫자가 가장 큰 수는 어느 것입니까? (   )

① 583120   ② 391468   ③ 249013
④ 652978   ⑤ 814095

2 억이 287개, 만이 3129개인 수는 얼마입니까?

[답]

3 다음에서 ㉠이 나타내는 수는 ㉡이 나타내는 수의 몇 배입니까?

8562187903
㉠   ㉡

[답]

4 다음 7장의 숫자 카드를 한 번씩만 사용하여 십만의 자리 숫자가 6인 가장 작은 일곱 자리 수를 만들어 보시오.

0   1   3   5   6   8   9

[답]

5 수직선에서 ㉠에 알맞은 수를 구하시오.

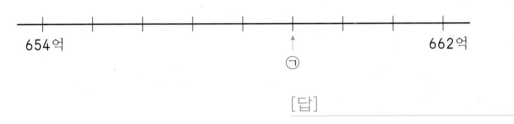

[답]

6 0에서 9까지의 숫자 중에서 다음 □ 안에 들어갈 수 있는 숫자를 모두 쓰시오.

$$278\square40269 > 278640273$$

[답]

7 어떤 수에서 4000억씩 10번 뛰어서 센 수가 8조 4000억이었습니다. 어떤 수를 구하시오.

[답]

8 빈칸에 알맞은 수를 써넣으시오.

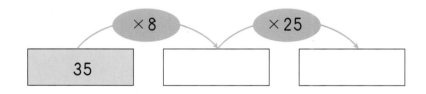

9 빈 곳에 알맞은 수를 써넣으시오.

	× →	
× ↓	468	36	
	22	2516	

10 다음 계산에서 잘못된 곳을 찾아 바르게 계산하시오.

```
    3852
  ×   37
   26964
   11556
   38520
```

➡

```
    3852
  ×   37

```

11 몫이 큰 것부터 차례로 ◯ 안에 번호를 써넣으시오.

32) 84 14) 69 27) 96

12 다음 나눗셈의 몫이 4일 때, □ 안에 들어갈 수 있는 가장 큰 숫자를 구하시오.

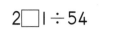

2□1÷54

[답]

13 532자루의 연필을 70명의 학생들에게 남기지 않고 똑같이 나누어 주려면 적어도 몇 자루의 연필이 더 필요합니까?

[답]

14 ㉠, ㉡, ㉢ 중에서 크기가 큰 각부터 차례로 기호를 쓰시오.

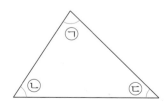

[답]

15 주어진 선분을 각의 한 변으로 하여 크기가 **95°**인 각을 그려 보시오.

16 다음 두 각도의 합을 구하시오.

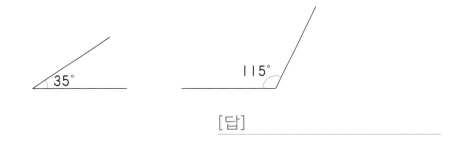

[답] _____

17 다음 그림에서 ㉠은 몇 도인지 구하시오.

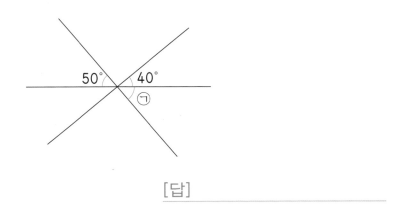

[답] _____

18 □ 안에 알맞은 수를 써넣으시오.

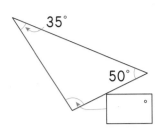

19 사각형의 네 각 중에서 세 각의 크기가 다음과 같을 때 나머지 한 각의 크기를 구하시오.

| 55° | 60° | 105° |

[답]

20 도형에서 사각형 ㄱㄴㄷㄹ은 직사각형입니다. 각 ㄹㄱㅁ의 크기를 구하시오.

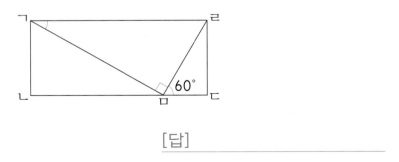

[답]

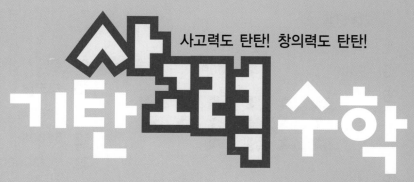

사고력도 탄탄! 창의력도 탄탄!

H1a~H60b

해답은 따로 보관하고 있다가
채점할 때 사용해 주세요.

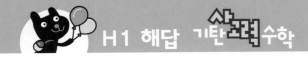

1a~1b

1 8000
2 10000
3 9000
4 10000
5 (예)

6 3000
7 9990
8 100
9 ㉡

> **풀이** ㉠, ㉢, ㉣이 나타내는 수 : 10000
> ㉡이 나타내는 수 : 9910

10 10000원

> **풀이** 9800보다 200 큰 수는 10000입니다.

2a~2b

1 37840원

> **풀이** 10000원짜리 3장 → 30000원
> 1000원짜리 7장 → 7000원
> 100원짜리 8개 → 800원
> 10원짜리 4개 → 40원
> ➡ 30000+7000+800+40
> =37840(원)

2 46218

> **풀이** 40000+6000+200+10+8
> =46218

3 10523

> **풀이** 10000+500+20+3=10523

4 5, 4, 2, 1, 8

> **풀이** 54218=50000+4000+200
> +10+8

5 9, 7, 0, 4, 5

> **풀이** 97045=90000+7000+40+5

6 팔만 육천백오십구

7 이만 육천백팔십

8 만 오천삼백오

9 칠만 사천백

10 34578

11 90654

12 52808

13 만, 30000, 천, 7000, 백, 600, 십, 10, 일, 8

3a~3b

1 (위에서부터) 9, 6, 4, 5 / 9000, 600, 40, 5

2 (위에서부터) 7, 1, 0, 8, 3 / 70000, 1000, 0, 80, 3

3 50000, 8000, 400, 20, 5

4 60000, 3000, 40, 8

5 40000, 2000, 500

6 20000, 700, 90

7 42985, 사만 이천구백팔십오

8 65780원

> **풀이** 60000+5000+700+80
> =65780

9 81000

> **풀이** 숫자 8이 나타내는 수 :
> 3<u>4</u>890 ➡ 800, 2<u>8</u>746 ➡ 8000,
> 5067<u>8</u> ➡ 8, 640<u>8</u>2 ➡ 80,
> <u>8</u>1000 ➡ 80000

10 79820

> **풀이** 7□□□□에 7을 제외한 나머지 숫자를 천의 자리, 백의 자리, 십의 자리, 일의 자리 순서로 큰 숫자부터 써넣었습니다.

4a~4b

1 250000, 25만, 이십오만

2 3900000, 390만, 삼백구십만

※해답은 따로 보관하고 있다가 채점할 때 사용해 주세요.

3 21460000, 2146만, 이천백사십육만

4 5742, 1860, 오천칠백사십이만 천팔백육십

5 5, 7, 4, 2

6 4806254, 사백팔십만 육천이백오십사

7 90120850, 구천십이만 팔백오십

8 5647만 9002 또는 56479002

9 4200만 3759 또는 42003759

10 5, 50000000 / 7, 7000000 / 4, 400000

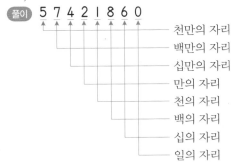
풀이 5 7 4 2 1 8 6 0
천만의 자리
백만의 자리
십만의 자리
만의 자리
천의 자리
백의 자리
십의 자리
일의 자리

5a~5b

1 만, 50000

2 백만, 5000000

3 천만, 50000000

4 ㉣
풀이 ㉠ 오십구만 ➡ 59|0000 : 4개
㉡ 사천삼십사만 구 ➡ 4034|0009 : 4개
㉢ 칠백십사만 삼천육 ➡ 714|3006 : 2개
㉣ 팔천만 이천칠십 ➡ 8000|2070 : 5개

5 ㉣
풀이 ㉠ 5690420 ➡ 600000(60만)
㉡ 7962000 ➡ 60000(6만)
㉢ 26580079 ➡ 6000000(600만)
㉣ 63472485 ➡ 60000000(6000만)

6 100000배
풀이 ㉠이 나타내는 수 : 700000
㉡이 나타내는 수 : 7
➡ 700000은 7의 100000배

7 5040000, 오백사만
풀이 50400의 100배인 수
➡ 504|0000

8 3030만 원
풀이 100만 원짜리 25장 ➡ 2500만 원
10만 원짜리 48장 ➡ 480만 원
만 원짜리 50장 ➡ 50만 원
2500만+480만+50만=3030만 (원)

9 76054321, 12034567
풀이 □□0□|□□□□
가장 큰 수 : 가장 위의 자리부터 큰 숫자부터 차례로 써넣으면 7605|4321
가장 작은 수 : 가장 위의 자리부터 작은 숫자부터 차례로 써넣으면 1203|4567

6a~6b

1 100000000, 1억, 억

2 (왼쪽부터) 10, 100억, 1000억

3 32억 7956만 4205 또는 3279564205

4 870억 6299만 507 또는 87062990507

5 239001854500
풀이 2390억 185만 4500
➡ 2390|0185|4500

6 880000400000
풀이 8800억 40만
➡ 8800|0040|0000

7 6893, 5412, 3709, 육천팔백구십삼억 오천사백십이만 삼천칠백구

8 2700, 35, 1890, 이천칠백억 삼십오만 천팔백구십

9 육십이억
풀이 62|0000|0000 ➡ 62억

10 사천칠백억 천이백오십사만 칠십이
풀이 4700|1254|0072
➡ 4700억 1254만 72

7a~7b

1 100만

2 억, 300000000

3 십억, 2000000000

4 천억, 900000000000

5 ㉠
   풀이 ㉠ 260│7500│0600 : 6개
   ㉡ 3│4000│2007 : 5개
   ㉢ 9028│3650│7200 : 4개

6 ㉡
   풀이 ㉠ 26│5489│7231 ➡ 6억
   ㉡ 8609│2743│1295 ➡ 600억
   ㉢ 60│9512│8400 ➡ 60억
   ㉣ 1846│8009│2374 ➡ 6억

7 9
   풀이 2794│1352│5600에서 십억의 자리 숫자는 밑줄 친 9입니다.

8 1000000배
   풀이 ㉠이 나타내는 수 :
   3000│0000│0000(3000억)
   ㉡이 나타내는 수 : 30│0000(30만)

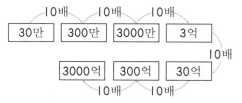

   따라서 3000억은 30만의 1000000배입니다.

9 30억 개
   풀이 한 상자에 300개
   ➡ 1000상자에 30│0000개
   ➡ 1000만 상자에 30│0000│0000개

8a~8b

1 1000000000000, 1조, 조, 일조

2 862조 5976억 3219만 6250,
   862597632196250

3 3296조 2502억 4860만 7080,
   3296250248607080

4 4, 400000000000000
   풀이 7436│2189│3420│0000
   ➡ 7436조 2189억 3420만

5 사천이백오십삼조 육천구백사억

6 이천삼백육십조 오천사백억 이천칠백구십오만 십팔

7 5900, 2506, 128, 2734

8 8, 80000000000000

9 0
   풀이 9408│254□│6216│0073에서 십조의 자리 숫자는 0이므로 □ 안에 들어갈 숫자는 0입니다.

10 946조 km
   풀이 1광년 : 9조 4600억 km
      ➡ 9│4600│0000│0000 km
   100광년 : 946│0000│0000│0000 km
      ➡ 946조 km

9a~9b

1 십만의 자리

2 백만의 자리

3 천억의 자리

4 십억, 1, 10억

5 백조, 1, 100조

6 25640, 45640

7 652900, 662900, 672900

8 2500억, 2800억

9 1조 2300억, 1조 2400억, 1조 2600억

10 380조, 390조, 400조

11 2870조, 2890조, 2910조

10a~10b

1 500218

풀이 만의 자리가 1씩 커지므로 10000씩 뛰어서 센 것입니다.

2 4억

풀이 천만의 자리가 1씩 커지므로 1000만씩 뛰어서 센 것입니다.

3 5280억

풀이 천억의 자리가 1씩 커지므로 1000억씩 뛰어서 센 것입니다.

4 220조, 221조

풀이 조의 자리가 1씩 커지므로 1조씩 뛰어서 센 것입니다.

5 7820조

풀이
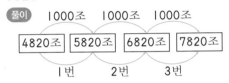

6 600조 8000억

풀이
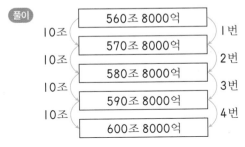

7 12513700000000

풀이
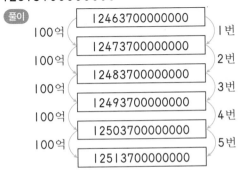

8 400억, 4000억

9 9조 8000억, 98조

10 14조 9000억, 149조, 1490조

11 24만 8000원

풀이 15만 8000원 ➡ 18만 8000원 ➡ 21만 8000원 ➡ 24만 8000원

12 5조 5000억

풀이 어떤 수에서 5000억씩 10번 뛰어서 센 수, 즉 5조 큰 수가 10조 5000억이므로 어떤 수는 10조 5000억보다 5조 작은 수인 5조 5000억입니다.

11a~11b

1 >

풀이 자릿수가 많은 쪽이 더 큰 수입니다.

2 <

풀이 백억의 자리 숫자를 비교하면 5625억<5800억

3 <

풀이 십억의 자리 숫자를 비교하면 16|2475|1988|0000< 16|2480|6175|0000

4 ( )(○)

풀이 십억의 자리 숫자를 비교하면 29|0615|7438<30|0125|7000

5 (○)( )

풀이 십억의 자리 숫자를 비교하면 4조 7865억>4조 7856억

6 (○)( )

풀이 12|9765|0748|2500쪽이 자릿수가 많으므로 더 큰 수입니다.

7 ㉡

풀이 십만의 자리 숫자를 비교하면 ㉠9435|7468>㉡9428|0000

8 ㉡

풀이 백의 자리 숫자를 비교하면 ㉠2315만 7604>㉡2315만 7064

9 ㉠

풀이 천억의 자리 숫자를 비교하면 ㉠85조 6945억<㉡85조 7000억

10 (△)
(○)
( )

풀이 38 | 6975 | 4000
< 39 | 6973 | 4000
< 47 | 4037 | 0000

11 ( )
(○)
(△)

풀이 90 | 9100 | 2854 | 1628
< 90 | 9113 | 7400 | 0000
< 99 | 0827 | 1200 | 4012

12a~12b

1

㉠ 이십오조 칠천육백억
25760000000000
㉡ 백칠조 이천억
107200000000000
㉢ 억이 7564개, 만이 4500개인 수
756445000000
㉣ 64조 2815억 6600만
64281566000000

2 ㉡

3 ㉢

4 ㉠

풀이 십억의 자리 숫자를 비교하면
㉠ 5204 | 6450 | 8057 | 9002
> ㉡ 5204 | 6405 | 8570 | 9007

5 ㉠

풀이 ㉠ 82 | 7500 | 0000 | 0000
< ㉢ 102 | 6932 | 0000 | 0000
< ㉡ 802 | 7500 | 0000 | 0000
➡ ㉠<㉢<㉡

6 6, 7, 8, 9

풀이 두 수 모두 10자리 수이므로 위의 자리 숫자부터 차례로 크기를 비교해 봅니다. 27 | 6358 | 9154 < 27 | □372 | 6485

에서 십억, 억, 백만의 자리 숫자가 같고 십만의 자리 숫자는 5<7이므로 □에는 6 또는 6보다 큰 숫자인 7, 8, 9가 들어갈 수 있습니다.

7 해왕성

풀이 거리를 비교하여 태양에서 가까운 행성부터 차례로 나타내면 다음과 같습니다.
수성: 5806만 km
금성: 1억 1000만 km
지구: 1억 4960만 km
화성: 2억 3000만 km
목성: 7억 8000만 km
토성: 14억 3000만 km
천왕성: 28억 7000만 km
해왕성: 45억 km
따라서 태양에서 가장 멀리 있는 행성은 해왕성입니다.

8 수성, 금성

풀이 7번 풀이 참조

9 토성, 천왕성, 해왕성

풀이 7번 풀이 참조

13a~13b 창의력 학습

a 축구공

풀이 500씩 뛰어서 세면
345500-346000-346500-347000-
347500-348000-348500-349000-
349500 ➡ 축구공

b (1) 2247240통   (2) 2010200통

풀이 (1) 22억 4724만 ➡ 2247240000
➡ 1000의 2247240배
(2) 40억 2040만 ➡ 4020400000 ➡
2000의 2010200배

14a~15b 경시대회 예상문제

1 123250장

풀이 80000+42000+1000+250
=123250

2 38768590

풀이 3826|8590에서 십만의 자리 숫자는 2이므로 십만의 자리 숫자가 5 큰 수는 3876|8590입니다.

3 91876543, 구천백팔십칠만 육천오백사십삼

풀이 □|□□□|□□□□에서 위의 자리 □부터 큰 숫자부터 차례로 써넣습니다.

4 5200장

풀이 52|0000|0000은 100|0000의 5200배이므로 52억 원은 100만 원권 수표로 5200장입니다.

5 6개

풀이
```
  2700|0000|0000
    54|0000|0000
+     190|0000
  2754|0190|0000
```

6 ㉢, ㉠, ㉡

풀이 ㉠ 564|7200|0000
㉡ 375|0000|0000
㉢ 35|0000|0000
➡ ㉢ 3 < ㉠ 6 < ㉡ 7

7 100000

풀이 1|0000|0000|0000는 1000|0000의 10|0000배입니다.

8 999090000

풀이 ■|□□0■|0000을 만족하는 가장 큰 수를 구하면 9|9909|0000입니다.

9 560억에서 6번 뛰어서 센 수가 680억이므로 한 번에 20억씩 뛰어서 센 것입니다. 560억에서 20억씩 4번 뛰어서 센 수는 640억입니다.
[답] 640억

평가 기준	
상	얼마씩 뛰어서 센 것인지 알고 답을 구한 경우
중	얼마씩 뛰어서 센 것인지 구했으나 답을 구하지 못한 경우
하	풀이와 답을 모두 구하지 못한 경우

10 2000만 개

풀이 2000억이 100개인 수는 20조이고 20조는 100만이 2000만 개인 수입니다.

11 100시간

풀이 540km는 540000m이므로 한 시간에 5400m씩 100시간 탔습니다.

12 ㉢, ㉡, ㉣, ㉠

풀이 십억의 자리 숫자가 6<7이므로 ㉢이 가장 큽니다. ㉠의 □ 안에 가장 큰 숫자인 9를 넣어도 백만의 자리 숫자가 3<4<5이므로 ㉠이 가장 작고, ㉡>㉣입니다.

13 가장 큰 수 : 55|4433|2211
둘째로 큰 수 : 55|4433|2210
셋째로 큰 수 : 55|4433|2201
가장 작은 수 : 10|0122|3344
둘째로 작은 수 : 10|0122|3345
셋째로 작은 수 : 10|0122|3354
[답] 5544332201, 1001223354

평가 기준	
상	가장 큰 수, 가장 작은 수를 구하고 답을 구한 경우
중	가장 큰 수, 가장 작은 수는 구했으나 답을 구하지 못한 경우
하	풀이와 답을 모두 구하지 못한 경우

14 5조 3000억

풀이 3300억씩 10번 뛰어서 센 수는 어떤 수보다 3조 3000억 큰 수입니다. 어떤 수는 8조 6000억보다 3조 3000억 작은 수이므로 5조 3000억입니다.

15 1445대

풀이 56|4500|0000개의 인형 중 42억 개를 수출하고 남은 인형은 14|4500|0000개입니다. 이것은 100|0000개씩 1445개이므로 1445대의 차가 필요합니다.

16 6개

풀이 만들 수 있는 10자리 수를 큰 수부터 차례로 써 보면
9876543210, 9876543201,
9876543120, 9876543102,
9876543021, 9876543012,
9876542310, ……이므로 9876542310보다 큰 수는 모두 6개입니다.

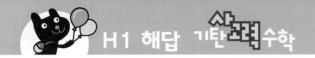

※해답은 따로 보관하고 있다가 채점할 때 사용해 주세요.

16a~16b

1 2500, 25000, 250000

2 1600원

3 19000원

4 120000원

5 1800   6 50000

7 3700000   8 8000000

9 4500, 4500000
풀이 45×100=4500
4500×1000=4500000

10 ㉡, ㉢, ㉣, ㉠
풀이 ㉠ 6×10000=60000
㉡ 500×1000=500000
㉢ 4500×100=450000
㉣ 80×1000=80000

11 50000원
풀이 500×100=50000

12 1200000개
풀이 120×10000=1200000

17a~17b

1 18, 18   2 35, 35

3 68000   4 280000

5 2700000   6 7200000

7 24000000   8 30000000

9 [연결선]

10 >
풀이 400×7000=2800000
5000×500=2500000

11 =
풀이 8000×3000=24000000
6000×4000=24000000

12 ㉣
풀이 ㉠ 240×2000=480000
㉡ 16×30000=480000
㉢ 600×800=480000
㉣ 120×400=48000

13 1400000원
풀이 700×2000=1400000

14 2000000원
풀이 5000×400=2000000

18a~18b

1 1460, 1460 / 1460

2 1368 / 1368, 2736 / 1368, 2736, 28728

3 16540   4 24390

5 23606   6 26352

7 ③
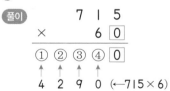
풀이
```
      7 1 5
  ×     6 0
  ① ② ③ ④ 0
  4 2 9 0  (←715×6)
```

8 >
풀이 932×29=27028
536×42=22512

9 2, 1, 3
풀이 254×84=21336
366×62=22692
517×34=17578

10 22890명
풀이 654×35=22890

19a~19b

1 24130, 24130 / 24130

※해답은 따로 보관하고 있다가 채점할 때 사용해 주세요.

2 6556 / 6556, 8195 / 6556, 8195, 88506

3 100720

4 254334

5 197015

6 205100

7 199462
   풀이 $5249 \times 38 = 199462$

8 195624
   풀이 $2964 \times 66 = 195624$

9 ⓒ, ⓔ, ⓖ
   풀이 ⓖ $8255 \times 25 = 206375$
   ⓒ $3675 \times 58 = 213150$
   ⓔ $7251 \times 29 = 210279$

10 123750원
   풀이 $2250 \times 55 = 123750$

11 45990km
   풀이 $3285 \times 14 = 45990$

20a~20b

1 (계산 순서대로) 35, 560, 560

2 (계산 순서대로) 120, 480, 480

3 1104   4 2790

5 2275   6 2176

7 7020   8 21870

9 <
   풀이 $64 \times 5 \times 12 = 3840$
   $6 \times 24 \times 30 = 4320$
   ➡ $3840 < 4320$

10 >
   풀이 $133 \times 8 \times 25 = 26600$
   $74 \times 45 \times 3 = 9990$
   ➡ $26600 > 9990$

11 2610
   풀이 $29 \times 15 \times 6 = 435 \times 6 = 2610$

12 828, 37260

13 41500m
   풀이 $415 \times 5 \times 20 = 41500$

14 19908개
   풀이 3주일은 $3 \times 7 = 21$(일)입니다.
   $158 \times 6 \times 21 = 19908$

21a~21b

1 2, 2   2 9, 270

3 9   4 6

5 8   6 7

7
   풀이 $280 \div 40 = 7$, $250 \div 50 = 5$
   $360 \div 60 = 6$, $540 \div 90 = 6$
   $450 \div 90 = 5$, $490 \div 70 = 7$

8 4, 160, 3 / 4, 3, 163

9 5, 400, 15 / 5, 15, 415

10 7 … 20, $70 \times 7 + 20 = 510$

11 7 … 4, $30 \times 7 + 4 = 214$

12 7 … 30, $60 \times 7 + 30 = 450$

13 8 … 28, $50 \times 8 + 28 = 428$

22a~22b

1 다은
   풀이 다은 : $160 \div 20 = 8$
   가현 : $240 \div 40 = 6$
   ➡ $8 > 6$

2 <
   풀이 $346 \div 80 = 4 \cdots 26$
   $252 \div 50 = 5 \cdots 2$
   ➡ $4 < 5$

3　3, 2, 1

　　풀이　$372 \div 50 = 7 \cdots 22$
$254 \div 30 = 8 \cdots 14$
$551 \div 60 = 9 \cdots 11$

4　8줄

　　풀이　$400 \div 50 = 8$

5　8개

　　풀이　$640 \div 80 = 8$

6　5묶음, 38자루

　　풀이　$288 \div 50 = 5 \cdots 38$

7　6일, 67kg

　　풀이　$547 \div 80 = 6 \cdots 67$

8　7개, 35개

　　풀이　$315 \div 40 = 7 \cdots 35$

23a~23b

1　4, 56, 2

2　4, 96, 0

3　5, 90, 3

4　2, 62, 27

5　4, 64, 11

6　5, $13 \times 5 = 65$

7　$3 \cdots 10$, $26 \times 3 + 10 = 88$

8　$4 \cdots 9$, $22 \times 4 + 9 = 97$

9　$4 \cdots 3$, $19 \times 4 + 3 = 79$

10

÷ →			
97	46	2	⑤
31	14	2	③
3	3		
④	④		

　　풀이　$97 \div 46 = 2 \cdots 5$
$31 \div 14 = 2 \cdots 3$
$97 \div 31 = 3 \cdots 4$
$46 \div 14 = 3 \cdots 4$

24a~24b

1　3

　　풀이　$81 \div 27 = 3$

2　3, 2, 1

　　풀이　$84 \div 38 = 2 \cdots 8$
$59 \div 16 = 3 \cdots 11$
$99 \div 29 = 3 \cdots 12$
나머지의 크기를 비교하면 $12 > 11 > 8$입니다.

3　45, 43, 61

　　풀이　나머지는 나누는 수보다 작아야 합니다.

4　91

　　풀이　나올 수 있는 나머지는 0부터 13까지이고 이 수를 모두 더하면 91입니다.

5　3명

　　풀이　$87 \div 29 = 3$

6　6개, 8개

　　풀이　$98 \div 15 = 6 \cdots 8$

7　7타, 6자루

　　풀이　연필 1타는 12자루입니다.
$90 \div 12 = 7 \cdots 6$

8　13개

　　풀이　$88 \div 25 = 3 \cdots 13$
따라서 밤은 3봉지가 되고 13개가 남으므로 애정이가 먹은 밤은 13개입니다.

25a~25b

1　6, 294, 31

2　$8 \cdots 13$, $34 \times 8 + 13 = 285$

3　$7 \cdots 23$, $57 \times 7 + 23 = 422$

4　ⓒ

　　풀이　㉠ $645 \div 95 = 6 \cdots 75$
ⓒ $273 \div 31 = 8 \cdots 25$
ⓒ $390 \div 55 = 7 \cdots 5$
➡ ⓒ $8 >$ ⓒ $7 >$ ㉠ 6

5

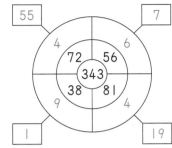

> **풀이** $343 \div 56 = 6 \cdots 7$
> $343 \div 81 = 4 \cdots 19$
> $343 \div 38 = 9 \cdots 1$
> $343 \div 72 = 4 \cdots 55$

6 41

> **풀이** 나머지는 나누는 수보다 작아야 합니다.

7 8개

> **풀이** $512 \div 64 = 8$

8 7가구, 55kg

> **풀이** $580 \div 75 = 7 \cdots 55$

26a~26b

1 13, 42, 133, 126, 7

2 22, 42, 58, 42, 16

3 $19 \cdots 31$, $36 \times 19 + 31 = 715$

4 $23 \cdots 17$, $27 \times 23 + 17 = 638$

5 $14 \cdots 55$, $62 \times 14 + 55 = 923$

6 $32 \cdots 13$, $18 \times 32 + 13 = 589$

7 ㉠

> **풀이** ㉠ $566 \div 24 = 23 \cdots 14$
> ㉡ $648 \div 31 = 20 \cdots 28$
> ➡ ㉠ $23 >$ ㉡ 20

8 ㉡

> **풀이** ㉠ $846 \div 29 = 29 \cdots 5$
> ㉡ $776 \div 25 = 31 \cdots 1$
> ➡ ㉠ $29 <$ ㉡ 31

9 ㉡

> **풀이** ㉠ $490 \div 18 = 27 \cdots 4$
> ㉡ $624 \div 22 = 28 \cdots 8$
> ➡ ㉠ $27 <$ ㉡ 28

10 $476 \div 29$에 ○표

> **풀이** $307 \div 14 = 21 \cdots 13$
> $476 \div 29 = 16 \cdots 12$
> $812 \div 33 = 24 \cdots 20$
> ➡ $12 < 13 < 20$

11 $910 \div 45$에 ○표

> **풀이** $584 \div 27 = 21 \cdots 17$
> $910 \div 45 = 20 \cdots 10$
> $727 \div 64 = 11 \cdots 23$
> ➡ $10 < 17 < 23$

27a~27b

1

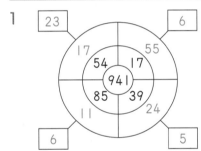

> **풀이** $941 \div 17 = 55 \cdots 6$
> $941 \div 39 = 24 \cdots 5$
> $941 \div 85 = 11 \cdots 6$
> $941 \div 54 = 17 \cdots 23$

2 711

> **풀이** 어떤 수를 검산식을 써서 알아보면
> $38 \times 18 + 27 = 711$입니다.

3 39상자, 12개

> **풀이** $597 \div 15 = 39 \cdots 12$

4 12시간 22분

> **풀이** 1시간은 60분입니다.
> $742 \div 60 = 12 \cdots 22$

5 (1) 985, 24
> (2) $985 \div 24$
> (3) 41, 1
> **풀이** (3) $985 \div 24 = 41 \cdots 1$

28a~28b 창의력 학습

a 1089, 110889, 11108889

풀이 $3 \times 3 = 9$
$33 \times 33 = 1089$
$333 \times 333 = 110889$
자릿수가 한 개씩 늘어날 때마다 1과 8이 1개씩 늘어나는 규칙이 있습니다.
따라서 3333×3333의 결과를 추측해 보면 11108889가 될 것입니다.

b

```
          1 6
    4 8 ) 7 9 8
          4 8
          3 1 8
          2 8 8
            3 0
```

29a~30b 경시대회 예상문제

1 4000

2 20배

풀이 $\bigcirc \times 500 = \bigcirc \times 10000$
$= \bigcirc \times 500 \times 20$
따라서 $\bigcirc = \bigcirc \times 20$이므로 $\bigcirc$은 $\bigcirc$의 20배입니다.

3 580000원

풀이 어른 입장료: 5000×80
$= 400000$(원)
어린이 입장료: $3000 \times 60 = 180000$(원)
➡ $400000 + 180000 = 580000$(원)

4 짱이뼈 매장, 15450원

풀이 입어봐 매장 : 4650×53
$= 246450$(원)
짱이뼈 매장 : $5820 \times 45 = 261900$(원)
➡ $261900 - 246450 = 15450$(원)

5 $874 \times 95 = 83030$

풀이 5장의 숫자 카드가
$\bigcirc > \bigcirc > \bigcirc > \bigcirc > \bigcirc$일 때, 곱이 가장 큰
(세 자리 수)×(두 자리 수)는
$\bigcirc\bigcirc\bigcirc \times \bigcirc\bigcirc$입니다.
$9 > 8 > 7 > 5 > 4$이므로 곱이 가장 큰
(세 자리 수)×(두 자리 수)는
$874 \times 95 = 83030$입니다.

6 5개

풀이 $53 \times 7 \times 18 = 6678$,
$557 \times 4 \times 3 = 6684$이므로
$6678 < \square < 6684$를 만족하는 $\square$는
6679, 6680, 6681, 6682, 6683의 5개입니다.

7 1주일은 7일이므로 3주일은
$7 \times 3 = 21$(일)입니다. 따라서 만들 수 있는 스탠드는 $529 \times 10 \times 21 = 111090$(개)입니다.
[답] 111090개

평가 기준	
상	3주일이 며칠인지 구하고 세 수의 곱셈식을 만들어 답을 구한 경우
중	3주일이 며칠인지 알고 곱셈식을 세웠으나 답을 구하지 못한 경우
하	풀이와 답을 모두 구하지 못한 경우

8 700800시간

풀이 하루는 24시간입니다.
$365 \times 80 \times 24 = 700800$

9 29

풀이 나눗셈의 몫이 한 자리 수이려면 나누는 수가 나눠지는 수의 앞의 두 자리 수인 28보다 큰 수여야 합니다.
28보다 큰 수 중 가장 작은 수는 29입니다.

10 3, 4, 5, 6

풀이 $38 \times 14 = 532$, $38 \times 15 = 570$입니다.
$532 < 5\square3 < 570$이므로 $\square$ 안에 들어갈 수 있는 숫자는 3, 4, 5, 6입니다.

11 19개

풀이 $\square \div 19 = 32$
➡ $\square = 19 \times 32 = 608$

$\square \div 19 = 32 \cdots 1$
➡ $\square = 19 \times 32 + 1 = 609$
$\square \div 19 = 32 \cdots 2$
➡ $\square = 19 \times 32 + 2 = 610$
$\vdots$
$\square \div 19 = 32 \cdots 18$
➡ $\square = 19 \times 32 + 18 = 626$
따라서 $\square$ 안에 알맞은 수는 모두 19개입니다.
또는 $\square \div 19 = 32 \cdots \triangle$에서 $\triangle$가 될 수 있는 수는 0부터 18까지 19개이므로 $\square$는 19개입니다.

12 986
풀이 세 자리 수 중에서 가장 큰 수는 999이고 $999 \div 28 = 35 \cdots 19$이므로 세 자리 수를 28로 나누었을 때 가장 큰 몫은 35입니다. 따라서 구하는 세 자리 수는 $28 \times 35 + 6 = 986$입니다.

13 $875 \div 23$, 38, 1
풀이 몫이 가장 크려면 나눗셈식은 (가장 큰 세 자리 수)÷(가장 작은 두 자리 수)여야 합니다.
$875 \div 23 = 38 \cdots 1$입니다.

14 (어떤 수)$= 32 \times 15 + 24 = 504$이고, $504 \div 48 = 10 \cdots 24$입니다.
[답] 10, 24

평가 기준	
상	어떤 수도 구하고 나눗셈식을 계산하여 몫과 나머지를 바르게 구한 경우
중	어떤 수가 얼마인지 구했으나 몫과 나머지를 구하지 못한 경우
하	풀이와 답을 모두 구하지 못한 경우

15 16명
풀이 $538 \div 25 = 21 \cdots 13$
538명 중 짝을 짓지 못한 13명을 뺀 525명이 다시 게임을 하면
$525 \div 18 = 29 \cdots 3$
따라서 짝을 짓지 못하고 남은 학생은 $13 + 3 = 16$(명)입니다.

31a~31b

1 ( )(○)

2 ( )(○)( )

3 (2)(1)(3)

4 (1)(3)(2)

5 나

6 다, 가

7 **예**

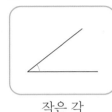
작은 각

큰 각

32a~32b

1 ㉡, ㉢, ㉠

2 서현
풀이 각도기의 밑금에 맞춰진 변에서 $0°$로 시작되는 것은 안쪽의 수이므로 안쪽의 눈금을 읽은 서현이가 바르게 읽었습니다.

3 $105°$

4 $55°$

5 $40°$

6 $135°$

7 $65°$

33a~33b

1 ㉢, ㉡, ㉣, ㉠

2

3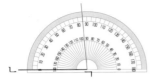

4

5 예

6 예

7 예

8 예

9 110°, 예

6 55, 60, 115

풀이 각 가의 크기 : 55°
각 나의 크기 : 60°
가＋나＝55°＋60°＝115°

7 90, 50, 40

풀이 각 가의 크기 : 90°
각 나의 크기 : 50°
가－나＝90°－50°＝40°

8 130, 75, 55

풀이 각 가의 크기 : 130°
각 나의 크기 : 75°
가－나＝130°－75°＝55°

34a~34b

1 예 60°, 60°

2 예 110°, 115°

3 105

풀이 각도의 합은 자연수의 덧셈과 같은
방법으로 계산하여 구합니다.

4 75

풀이 각도의 차는 자연수의 뺄셈과 같은
방법으로 계산하여 구합니다.

5 35, 45, 80

풀이 각 가의 크기 : 35°
각 나의 크기 : 45°
가＋나＝35°＋45°＝80°

35a~35b

1	85	2	75
3	140	4	115

5 80°

풀이 55°＋25°＝80°

6 115°

풀이 70°＋45°＝115°

7	25	8	50
9	35	10	65

11 30°

풀이 75°－45°＝30°

12 65°

풀이 125°－60°＝65°

36a~36b

1	115°	2	95°
3	105°	4	120°

5 165°   6 155°
7 125°   8 170°
9 15°   10 45°
11 25°   12 25°
13 55°   14 25°
15 90°   16 45°
17 125
풀이 1직각＋35°＝90°＋35°
＝125°
18 330
풀이 3직각＋60°＝270°＋60°
＝330°
19 110
풀이 2직각－70°＝180°－70°
＝110°
20 195
풀이 4직각－165°＝360°－165°
＝195°
21 115°, 45°
풀이 합 : 80°＋35°＝115°
차 : 80°－35°＝45°
22 190°, 80°
풀이 합 : 135°＋55°＝190°
차 : 135°－55°＝80°
23 155°, 55°
풀이 합 : 50°＋105°＝155°
차 : 105°－50°＝55°

2 135°, 5°
풀이 합 : 70°＋65°＝135°
차 : 70°－65°＝5°
3 155°, 85°
풀이 합 : 35°＋120°＝155°
차 : 120°－35°＝85°
4 135°, 55°
풀이 합 : 95°＋40°＝135°
차 : 95°－40°＝55°
5
풀이 155°－15°＝140°
80°＋50°＝130°
170°－45°＝125°
6 >
풀이 1직각＋50°＝140°
75°＋55°＝130°
➡ 140°＞130°
7 <
풀이 125°－15°＝110°
2직각－65°＝115°
➡ 110°＜115°
8 <
풀이 160°－75°＝85°
40°＋50°＝90°
➡ 85°＜90°
9 ㉢
풀이 ㉠ 25°＋1직각＝115°
㉡ 155°－60°＝95°
㉢ 75°＋50°＝125°
㉣ 2직각－85°＝95°

37a~37b

1 정웅
풀이 각도기로 잰 각도는 70°이고, 이 각도는 미선이가 어림한 것과 10°, 정웅이가 어림한 것과 5° 차이가 나므로 차이가 더 적은 정웅이가 더 잘 어림한 것입니다.

38a~38b

1 105, 30, 135 / 105, 30, 75
풀이 왼쪽부터 각의 크기를 재어 보면 65°, 40°, 30°, 105°이므로 가장 큰 각은 105°, 가장 작은 각은 30°입니다.

※해답은 따로 보관하고 있다가 채점할 때 사용해 주세요.

2 115, 35, 150 / 115, 35, 80

풀이 왼쪽부터 각의 크기를 재어 보면 115°, 50°, 75°, 35°이므로 가장 큰 각은 115°, 가장 작은 각은 35°입니다.

3 65

풀이 $\square+45°=110°$
$\square=110°-45°=65°$

4 50

풀이 2직각$+\square=230°$
$\square=230°-2$직각
$=230°-180°=50°$

5 80

풀이 $145°-\square=65°$
$\square=145°-65°=80°$

6 135

풀이 $\square-1$직각$=45°$
$\square=45°+1$직각
$=45°+90°=135°$

7 120

풀이 $30°+90°=120°$

8 105

풀이 $60°+45°=105°$

9 45

풀이 $90°-45°=45°$

10 30

풀이 $90°-60°=30°$

39a~39b

1 60°, 50°, 70°, 180°
풀이 $60°+50°+70°=180°$

2 45°, 45°, 90°, 180°
풀이 $45°+45°+90°=180°$

3 20°, 125°, 35°, 180°
풀이 $20°+125°+35°=180°$

4 55, 55
풀이 $\square+80°+45°=180°$
$\square=180°-45°-80°=55°$

5 60, 60
풀이 $65°+55°+\square=180°$
$\square=180°-65°-55°=60°$

6 110
풀이 $\square=180°-40°-30°=110°$

7 40
풀이 $\square=180°-85°-55°=40°$

8 100
풀이 $\square=180°-45°-35°=100°$

9 50
풀이 $\square=180°-55°-75°=50°$

40a~40b

1 180°

풀이 삼각형의 세 각을 잘라 꼭짓점을 이어 붙였더니 한 직선 위에 맞추어지고, 직선이 이루는 각은 180°이므로 삼각형의 세 각의 크기의 합은 180°입니다.

2 50°

풀이 삼각형의 세 각의 크기의 합은 180°이므로 $\bigcirc+\bigcirc=180°-130°=50°$

3 100°

풀이 삼각형의 세 각의 크기의 합은 180°이므로 $\bigcirc+\bigcirc=180°-80°=100°$

4 105°

풀이 삼각형의 세 각의 크기의 합은 180°이므로 $\bigcirc+\bigcirc=180°-75°=105°$

5 135°

풀이 삼각형의 세 각의 크기의 합은 180°이므로 $\bigcirc+\bigcirc=180°-45°=135°$

6 50°

풀이 삼각형의 세 각의 크기의 합은 180°이므로 나머지 한 각의 크기는
$180°-85°-45°=50°$

7 120

풀이

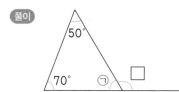

㉠＝180°－50°－70°＝60°
□＝180°－㉠
　＝180°－60°＝120°

8 50

풀이

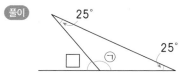

㉠＝180°－25°－25°＝130°
□＝180°－㉠
　＝180°－130°＝50°

9 70

풀이

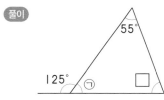

㉠＝180°－125°＝55°
□＝180°－55°－㉠
　＝180°－55°－55°＝70°

10 85

풀이

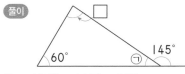

㉠＝180°－145°＝35°
□＝180°－60°－㉠
　＝180°－60°－35°＝85°

11 60

풀이

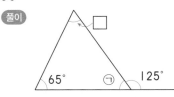

㉠＝180°－125°＝55°
□＝180°－65°－㉠

＝180°－65°－55°＝60°

12 75

풀이

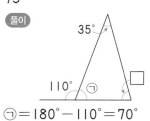

㉠＝180°－110°＝70°
□＝180°－35°－㉠
　＝180°－35°－70°＝75°

41a~41b

1 90°, 110°, 65°, 95°, 360°
풀이 90°＋110°＋65°＋95°＝360°

2 95°, 80°, 85°, 100°, 360°
풀이 95°＋80°＋85°＋100°＝360°

3 45°, 110°, 100°, 105°, 360°
풀이 45°＋110°＋100°＋105°＝360°

4 55, 55
풀이 □＋100°＋65°＋140°＝360°
□＝360°－100°－65°－140°＝55°

5 85, 85
풀이 70°＋85°＋120°＋□＝360°
□＝360°－70°－85°－120°＝85°

6 90
풀이 □＝360°－95°－75°－100°
　＝90°

7 110
풀이 □＝360°－60°－80°－110°
　＝110°

8 70
풀이 □＝360°－95°－95°－100°
　＝70°

9 60
풀이 □＝360°－60°－135°－105°
　＝60°

42a~42b

1 $360°$

풀이 사각형의 네 각을 잘라 꼭짓점을 이어 붙였더니 한 점에서 겹치지 않고 꼭 맞게 맞추어지고, 이루는 각은 4직각이므로 사각형의 네 각의 크기의 합은 $360°$입니다.

2 $165°$

풀이 사각형의 네 각의 크기의 합은 $360°$이므로

$⊙+ⓒ=360°-115°-80°=165°$

3 $220°$

풀이 사각형의 네 각의 크기의 합은 $360°$이므로

$⊙+ⓒ=360°-75°-65°=220°$

4 $165°$

풀이 사각형의 네 각의 크기의 합은 $360°$이므로

$⊙+ⓒ=360°-95°-100°=165°$

5 $200°$

풀이 사각형의 네 각의 크기의 합은 $360°$이므로

$⊙+ⓒ=360°-85°-75°=200°$

6 $90°$

풀이 사각형의 네 각의 크기의 합은 $360°$이므로 나머지 한 각의 크기는

$360°-65°-85°-120°=90°$

7 110

풀이
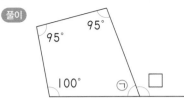

$⊙=360°-95°-95°-100°=70°$
$□=180°-⊙=180°-70°=110°$

8 80

풀이
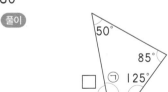

$⊙=360°-50°-125°-85°=100°$
$□=180°-⊙$
$=180°-100°=80°$

9 90

풀이
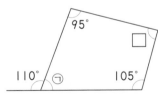

$⊙=180°-110°=70°$
$□=360°-95°-⊙-105°$
$=360°-95°-70°-105°$
$=90°$

10 115

풀이
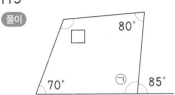

$⊙=180°-85°=95°$
$□=360°-70°-⊙-80°$
$=360°-70°-95°-80°$
$=115°$

11 100

풀이
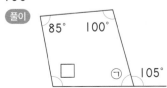

$⊙=180°-105°=75°$
$□=360°-85°-⊙-100°$
$=360°-85°-75°-100°$
$=100°$

12 90

풀이
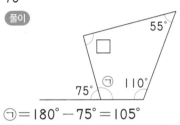
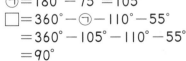

$⊙=180°-75°=105°$
$□=360°-⊙-110°-55°$
$=360°-105°-110°-55°$
$=90°$

43a~43b · 창의력 학습

a 각

b

44a~45b · 경시대회 예상문제

1 (예)

2 115°

3 125°

 (각 ㄴㅇㅁ)=(각 ㄱㅇㅁ)-(각 ㄱㅇㄴ)
     =155°-30°
     =125°

4 (예)

풀이 주어진 각의 크기를 각도기로 재면 60°이므로 60°보다 20° 큰 각은 60°+20°=80°입니다.

5 6시
풀이 2직각은 180°이고 시계의 긴바늘과 짧은바늘이 180°를 이루는 정각 시각은 6시입니다.

6 각 ㄱㅇㄹ은 180°이므로 각 ㄴㅇㄹ의 크기는 90°입니다.
(각 ㄴㅇㄷ)=(각 ㄴㅇㄹ)-(각 ㄷㅇㄹ)
       =90°-30°=60°
[답] 60°

평가 기준	
상	표시된 각도를 이용하여 풀이와 답을 구한 경우
중	표시된 각도를 이용하여 각 ㄴㅇㄹ의 크기는 구했으나 답을 구하지 못한 경우
하	풀이와 답을 모두 구하지 못한 경우

7 720°
풀이

그림과 같이 선을 그어 삼각형으로 나누면 4개의 삼각형이 생깁니다. 삼각형의 세 각의 크기의 합은 180°이므로 표시된 각들의 합은 180°×4=720°입니다.

8
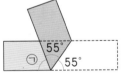

그림과 같이 접어올린 각의 크기도 55°가 되므로 ㉠=180°-55°-55°=70°입니다.
[답] 70°

평가 기준	
상	접어올린 각의 크기가 55°임을 알고 각 ㉠의 크기를 구한 경우
중	접어올린 각의 크기가 55°임은 알았으나 답을 구하지 못한 경우
하	풀이와 답을 모두 구하지 못한 경우

9 130°
풀이 삼각형 ㄱㄴㄷ에서
(각 ㄴㄱㄷ)=180°-30°-90°=60°
사각형 ㄱㄹㅁㄷ에서
(각 ㄹㅁㄷ)=360°-60°-80°-90°
       =130°

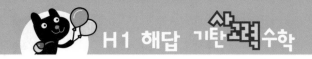

10 75°, 105°, 120°, 135°, 150°, 180°

풀이

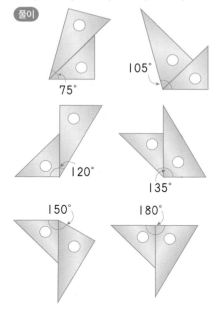

105°

75°

120°

135°

150°

180°

11 15°, 30°, 45°, 60°

풀이

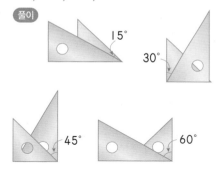

15°

30°

45°

60°

46a~49b

1 10

풀이 10000은 9990보다 10 큰 수입니다. 10000은 1000이 10개인 수입니다.

2 8, 4, 2, 5, 7

풀이 84257=80000+4000+200+50+7

3 70000+1000+300+90+5

4 2, 2000000

5 ©

풀이 숫자 7이 나타내는 수를 알아보면
㉠ 56⎯73286 ➡ 70000
㉡ ⎯713902 ➡ 700000
㉢ 1⎯7003465 ➡ 7000000
㉣ 9⎯754380 ➡ 700000

6 62150000, 육천이백십오만

풀이 62150의 1000배인 수
➡ 62150000

7 10000배

풀이 ㉠ 50000000 ㉡ 5000
5000만은 5000의 10000배이므로 ㉠은 ㉡의 10000배입니다.

8 504억 7632만 4005 또는 50476324005

9 백억, 70000000000

10 1

풀이 5241|2738|9540에서 일억의 자리 숫자는 1입니다.

11 5억 자루

풀이 500의 1000000배는 500000000

12 8, 80000000000000

13 4

풀이 3□27|9483|4590|1003에서 백억의 자리 숫자는 4이므로 □ 안에 알맞은 숫자는 4입니다.

14 ©

풀이 ㉠ 4|2600|0000|1073 ➡ 7개
㉡ 620|3290|8000|0000 ➡ 9개
㉢ 508|0022|4590|0000 ➡ 8개
따라서 0의 개수가 가장 많은 수는 ㉡입니다.

15 8조 1980억, 8조 2000억, 8조 2010억

풀이 십억의 자리 숫자가 1씩 커지게 합니다.

16 12조 7780억, 12조 9780억

풀이 2번 건너 뛴 수가 2000억이 커졌으므로 1000억씩 뛰어서 센 것입니다.

17 520조 3000억

> 풀이 480조 3000억 ➡ 490조 3000억 ➡ 500조 3000억 ➡ 510조 3000억 ➡ 520조 3000억

18 7조 2000억, 72조

19 50억

> 풀이 2번 뛰어서 센 수가 100억이 커졌으므로 50억씩 뛰어서 센 것입니다.

20 100000배

> 풀이 30억의 10000배인 수
> ➡ 30|0000|0000|0000(30조)
> ➡ 3|0000|0000(3억)의 100000배인 수

21 105만 7000원

> 풀이 5만씩 5번 뛰어서 세면
> 80만 7000 ➡ 85만 7000 ➡ 90만 7000 ➡ 95만 7000 ➡ 100만 7000 ➡ 105만 7000

22 2조 8700억 개

> 풀이 28|7000|0000km
> =2|8700|0000|0000m이므로 1m짜리 줄자 2조 8700억 개를 늘어놓은 것과 같습니다.

23 525억

> 풀이 6번 뛰어서 센 수가 60억 큰 수이므로 10억씩 뛰어서 센 것입니다. 따라서 485억에서 10억씩 4번 뛰어서 센 수는 525억입니다.

24 ㉠

> 풀이 ㉠ 57|4000|0000(열 자리 수)
> ㉡ 5|8000|6154(아홉 자리 수)
> ㉢ 6|0000|0000(아홉 자리 수)

25 7, 8, 9

> 풀이 827|0650|0000<
> 827|0□37|0000
> 에서 밑줄 친 숫자가 5>3이므로 □ 안에는 6보다 큰 7, 8, 9가 들어가야 합니다.

26 가

> 풀이 가 : 4억 6890만 1250명
> 나 : 1억 6540만 명, 다 : 5447만 명
> 인구가 가장 많은 나라는 가입니다.

27 55443321, 오천오백사십사만 삼천삼백이십일

> 풀이 가장 큰 수 : 55443322
> 두 번째로 큰 수 : 55443321

28 예 만들 수 있는 수 중 세 번째로 큰 수를 구하시오. 9876543120

> 풀이 가장 큰 수 : 9876543210
> 두 번째로 큰 수 : 9876543201
> 세 번째로 큰 수 : 9876543120

50a~53b

1 5800, 5800000

2

> 풀이 200×900=180000
> 500×40=20000
> 300×400=120000
> 20×1000=20000
> 60×2000=120000
> 30×6000=180000

3 <

> 풀이 9000×5000=45000000
> 700×70000=49000000

4 ㉡

> 풀이 800×400=320000

5 2800000원

> 풀이 400×7000=2800000

6 1578, 2104, 22618

7

×→		
2641	28	73948
35	487	17045
92435	13636	

> 풀이 2641×28=73948
> 35×487=17045
> 2641×35=92435
> 28×487=13636

8 ㉡, ㉠, ㉢, ㉣
  풀이 ㉠ $734 \times 84 = 61656$
  ㉡ $4261 \times 19 = 80959$
  ㉢ $2135 \times 24 = 51240$
  ㉣ $822 \times 53 = 43566$
  ➡ ㉡>㉠>㉢>㉣

9 >
  풀이 $9 \times 27 \times 62 = 15066$
  $83 \times 4 \times 17 = 5644$
  ➡ $15066 > 5644$

10 47124개
  풀이 $2618 \times 18 = 47124$

11 1120개
  풀이 $8 \times 28 \times 5 = 1120$

12 (위에서부터) 9, 5, 9, 4, 4, 9, 7, 4
  풀이
  ```
        4 9 ㉠
    ×       ㉡ 6
      2 ㉣ 9 ㉢
    2 ㉺ ㉻ 5
    2 ㉼ 9 4 ㉢
  ```
  $49㉠ \times 6 = 2㉣9㉢$에서
  $499 \times 6 = 2994$이므로
  ㉠=9, ㉣=9, ㉢=4
  $499 \times ㉡ = 2㉺㉻5$에서
  $499 \times 5 = 2495$이므로
  ㉡=5, ㉺=4, ㉻=9
  따라서 ㉼=7입니다.

13 $9 \cdots 40$, $50 \times 9 + 40 = 490$

14 $8 \cdots 5$, $40 \times 8 + 5 = 325$

15 $2 \cdots 24$, $27 \times 2 + 24 = 78$

16 $2 \cdots 27$, $34 \times 2 + 27 = 95$

17 >
  풀이 $511 \div 70 = 7 \cdots 21$
  $344 \div 50 = 6 \cdots 44$
  ➡ $7 > 6$

18 3, 13
  풀이 $64 \div 17 = 3 \cdots 13$

19 24
  풀이 나머지는 나누는 수보다 작아야 합

니다. 25보다 작은 수 중 가장 큰 수는 24
입니다.

20 2, 3, 1
  풀이 $65 \div 27 = 2 \cdots 11$
  $54 \div 18 = 3$
  $86 \div 45 = 1 \cdots 41$
  ➡ $41 > 11 > 0$

21 3봉지, 12개
  풀이 $60 \div 16 = 3 \cdots 12$

22 7명
  풀이 $82 \div 25 = 3 \cdots 7$

23 $8 \cdots 28$, $75 \times 8 + 28 = 628$

24 $16 \cdots 15$, $44 \times 16 + 15 = 719$

25 ㉢
  풀이 ㉠ $478 \div 69 = 6 \cdots 64$
  ㉡ $584 \div 83 = 7 \cdots 3$
  ㉢ $297 \div 32 = 9 \cdots 9$
  ➡ ㉢ 9 > ㉡ 7 > ㉠ 6

26 60그루
  풀이 $840 \div 14 = 60$

27 780
  풀이 (어떤 수)$\div 45 = 17 \cdots 15$
  (어떤 수)$= 45 \times 17 + 15 = 780$

28 4개
  풀이 $540 \div 16 = 33 \cdots 12$
  남은 구슬이 12개이므로 4개가 더 있어야
  16명에게 나누어 줄 수 있습니다.

29 $764 \div 13$
  풀이 몫이 가장 큰 나눗셈식은
  (가장 큰 세 자리 수)$\div$(가장 작은 두 자리 수)
  입니다.

30 58, 10
  풀이 $764 \div 13 = 58 \cdots 10$

54a~57b

1 ( )(○)

2 (2)(1)(3)

※해답은 따로 보관하고 있다가 채점할 때 사용해 주세요.

3 예

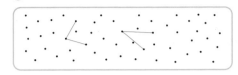

4 ( )(○)

5 115°

6 50°

7 ㉠, ㉢, ㉣, ㉢

8

9 예

10 105°, 예

11 예 45°, 45°

12 150°

풀이 각도기로 각을 재어 보거나, 시계에서 큰 눈금 한 칸의 크기는 30°이므로 30°×5=150°로 구할 수 있습니다.

13 65, 60, 125

풀이 각 가의 크기: 65°
각 나의 크기: 60°
가+나=65°+60°=125°

14 45°

풀이 70°−25°=45°

15 115, 30, 145 / 115, 30, 85

풀이 왼쪽부터 각의 크기를 각각 재어 보면 65°, 115°, 30°, 50°이므로 가장 큰 각은 115°, 가장 작은 각은 30°입니다.

16 85

풀이 □+50°=135°
➡ □=135°−50°=85°

17 95

풀이 2직각−□=85°
➡ □=2직각−85°
=180°−85°=95°

18 75

풀이 30°+45°=75°

19 15

풀이 60°−45°=15°

20 65

풀이 삼각형의 세 각의 크기의 합은 180°이므로 180°−75°−40°=65°

21 95

풀이 사각형의 네 각의 크기의 합은 360°이므로 360°−100°−80°−85°=95°

22 75°

풀이 180°−55°−50°=75°

23 55°

풀이 삼각형의 세 각의 크기의 합은 180°이므로 180°−90°−35°=55°

24 75

풀이

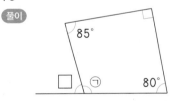

㉠=360°−85°−90°−80°=105°
□=180°−㉠
=180°−105°=75°

25 155°

풀이 ㉠+㉡=360°−105°−100°
=155°

26 540°

풀이

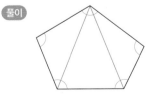

그림과 같이 도형은 3개의 삼각형으로 나눌 수 있으므로 도형의 다섯 각의 크기의 합은 180°×3=540°입니다.

58a~58b 창의력 학습

a 97351

(풀이) 각 자리의 숫자는 서로 다른 홀수이므로 1, 3, 5, 7, 9입니다. 5개의 숫자를 가지고 만들 수 있는 가장 큰 수는 97531, 두 번째로 큰 수는 97513, 세 번째로 큰 수는 97351입니다.

b 540

(풀이) 주어진 오각형을 사각형 1개와 삼각형 1개의 합으로 생각하면 다섯 각의 크기의 합은 $360° + 180° = 540°$입니다.

59a~60b 경시대회 예상문제

1 1001447878, 십억 백사십사만 칠천팔백칠십팔

(풀이) 가장 작은 수 : 1001447788
두 번째로 작은 수 : 1001447878

2 5조 7000억

(풀이)

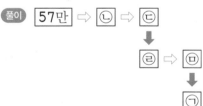

ⓛ : 57만의 10배 → 570만
ⓒ : 570만의 10배 → 5700만
ⓔ : 5700만의 100배 → 57억
ⓜ : 57억의 10배 → 570억
ⓖ : 570억의 100배 → 5조 7000억

3 250억 개

(풀이) 1년 후 : 250|0000개
2년 후 : 2500|0000개
3년 후 : 2|5000|0000개
4년 후 : 25|0000|0000개
5년 후 : 250|0000|0000개

4 소영이가 만들 수 있는 가장 큰 수는 76543210, 둘째로 큰 수는 76543201이고, 석우가 만들 수 있는 가장 큰 수는 77553311, 둘째로 큰 수는 77553131입니다. 백만의 자리 숫자를 비교하면 76543201 < 77553131이므로 석우가 더 큰 수를 만들 수 있습니다.
[답] 석우

평가 기준	
상	소영이와 석우가 만들 수 있는 둘째로 큰 수를 구하고 수의 크기 비교를 하여 답을 구한 경우
중	소영이와 석우가 만들 수 있는 둘째로 큰 수는 구했으나 답을 구하지 못한 경우
하	풀이와 답을 모두 구하지 못한 경우

5 14

(풀이) $37 × 13 = 481$, $37 × 14 = 518$이므로 $37 × □ > 496$의 □ 안에 들어갈 가장 작은 수는 14입니다.

6 2208시간

(풀이) 10월 1일부터 12월 31일까지는 모두 92일입니다. 하루는 24시간이므로 $92 × 24 = 2208$(시간)입니다.

7 1169

(풀이) 나누는 수가 65이므로 나머지가 될 수 있는 가장 큰 수는 64입니다.
$□ ÷ 65 = 17 \cdots 64$
➡ $□ = 65 × 17 + 64 = 1169$

8 (어떤 수) $÷ 43 = 23 \cdots 41$이므로
(어떤 수) $= 43 × 23 + 41 = 1030$입니다.
따라서 바르게 계산하면
$1030 ÷ 34 = 30 \cdots 10$이므로 몫은 30, 나머지는 10입니다.
[답] 30, 10

평가 기준	
상	어떤 수를 구하고 바르게 계산한 몫과 나머지를 구한 경우
중	어떤 수는 구했으나 바르게 계산한 몫과 나머지를 구하지 못한 경우
하	풀이와 답을 모두 구하지 못한 경우

9 234

(풀이) 조건 ⓛ에서 30으로 나누면 나머지

가 24이므로 일의 자리 숫자가 4인 세 자리 수입니다. ➡ □□4
조건 ㉢에 의해 2□4
조건 ㉠에 의해 2+□+4=9, □=3
따라서 구하는 세 자리 수는 234입니다.

10 ㉢, ㉤
풀이 시계에서 큰 눈금 한 칸의 크기는 30°입니다. 작은 쪽의 각이 120°가 되려면 시계의 큰 눈금 4칸만큼 벌어져야 하므로 조건을 만족하는 시각은 ㉢ 4시, ㉤ 8시입니다.

11 35°
풀이 180°−55°−90°=35°

12 140°
풀이
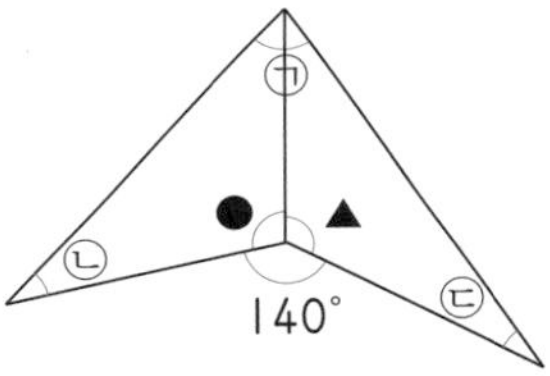

●+▲=360°−140°
=220°
㉠+㉡+㉢+●+▲=180°+180°
=360°
㉠+㉡+㉢+220°=360°
따라서 ㉠+㉡+㉢=360°−220°=140°입니다.

13 45°
풀이
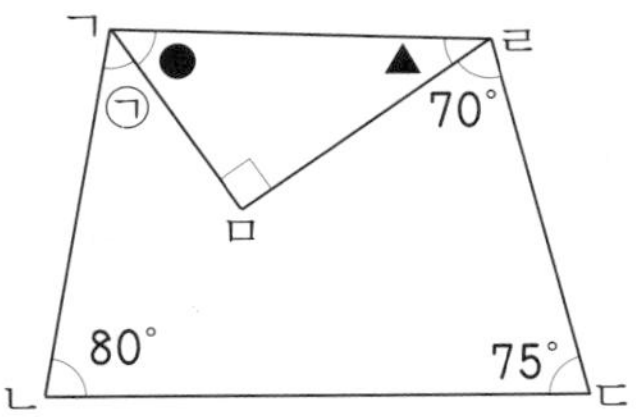

삼각형 ㄱㅁㄹ에서
●+▲=180°−90°
=90°
사각형 ㄱㄴㄷㄹ에서
㉠=360°−80°−75°−70°−(●+▲)
=135°−90°=45°

H1 성취도 테스트

1 ③
풀이 천의 자리 숫자를 찾아보면
① 583120 ② 391468 ③ 249013
④ 652978 ⑤ 814095

2 28731290000
풀이 287억 3129만 ➡ 287|3129|0000

3 100000배
풀이 ㉠ 80억, ㉡ 8만
8만의 10배는 80만, 100배는 800만, 1000배는 8000만, 10000배는 8억, 100000배는 80억이므로 80억은 8만의 100000배입니다.

4 1603589
풀이 □6□□□□□의 가장 위의 자리에는 0이 올 수 없으므로 1을 쓰고 만의 자리부터 작은 숫자를 써넣습니다.

5 659억
풀이 8번 뛰어서 센 수가 8억 큰 수이므로 1억씩 뛰어서 센 것입니다. 따라서 654억에서 1억씩 5번 뛰어서 센 수는 659억입니다.

6 7, 8, 9
풀이 278□40269>278640273
억부터 백만의 자리까지, 만부터 백의 자리까지의 숫자가 각각 같고 십의 자리 숫자가 6<7이므로 십만의 자리 숫자는 □>6이어야 합니다. 따라서 □ 안에는 7, 8, 9가 들어갈 수 있습니다.

7 4조 4000억
풀이 4000억씩 10번 뛰어서 세면 어떤 수보다 4조 큰 수가 됩니다. 따라서 어떤 수는 8조 4000억보다 4조 작은 수인 4조 4000억입니다.

8 280, 7000
풀이 35×8=280, 280×25=7000

9

468	36	16848
22	2516	55352
10296	90576	

풀이 $468 \times 36 = 16848$
$22 \times 2516 = 55352$
$468 \times 22 = 10296$
$36 \times 2516 = 90576$

10
$$\begin{array}{r} 3852 \\ \times \quad 37 \\ \hline 26964 \\ 11556 \quad \\ \hline 142524 \end{array}$$

11 3, 1, 2

풀이 $84 \div 32 = 2 \cdots 20$
$69 \div 14 = 4 \cdots 13$
$96 \div 27 = 3 \cdots 15$
➡ $4 > 3 > 2$

12 6

풀이 $54 \times 4 = 216$, $54 \times 5 = 270$이므로
□ 안에는 2, 3, 4, 5, 6이 들어갈 수 있습니다.

13 28자루

풀이 $532 \div 70 = 7 \cdots 42$
남는 연필이 42자루이므로 $70 - 42 = 28$(자루)가 더 있어야 70명에게 한 자루씩 더 나누어 줄 수 있습니다.

14 ㉠, ㉡, ㉢

15 예

16 150°

풀이 $35° + 115° = 150°$

17 50°

풀이

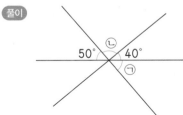

직선의 각도는 180°이므로
㉡ $= 180° - 50° - 40° = 90°$
㉠ $= 180° - ㉡ - 40°$
$= 180° - 90° - 40° = 50°$

18 95

풀이 □ $= 180° - 35° - 50° = 95°$

19 140°

풀이 (나머지 한 각의 크기)
$= 360° - 55° - 60° - 105° = 140°$

20 30°

풀이

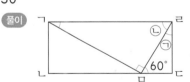

그림에서
㉠ $= 180° - 60° - 90° = 30°$
㉡ $= 90° - 30° = 60°$
(각 ㄹㄱㅁ) $= 180° - ㉡ - 90°$
$= 180° - 60° - 90°$
$= 30°$